気候変動列島ウォッチ

Archipelago Climate Change Watch

（財）地球・人間環境フォーラム 編

あん・まくどなるど 著

アサヒビール株式会社発行　清水弘文堂書房編集発売

気候変動列島ウォッチ

目次

Archipelago Climate Change Watch

Anne McDonald

※本書に登場する方々の年齢・所属は、原則として取材当時のものです。

STAFF

PRODUCER 平野 喬（『グローバルネット』編集長）
礒貝 浩・礒貝日月（清水弘文堂書房）
DIRECTOR あん・まくどなるど（国連大学高等研究所いしかわ・かなざわオペレーティング・ユニット所長）
CHIEF IN EDITOR & ART DIRECTOR 二葉幾久　前田文乃
EDITOR 坂本有希・天野路子（『グローバルネット』編集担当）
DTP EDITORIAL STAFF 小塩 茜　中里修作
PROOF READER 石原 実
COVER DESIGNERS 二葉幾久　黄木啓光・森本恵理子（裏面ロゴ）
STAFF 山田典子　菊地園子

□

アサヒビール株式会社「アサヒ・エコ・ブックス」総括担当者 谷野政文（環境担当常務執行役員）
アサヒビール株式会社「アサヒ・エコ・ブックス」担当責任者 竹田義信（社会環境推進部部長）
アサヒビール株式会社「アサヒ・エコ・ブックス」担当者 高橋 透（社会環境推進部）

ASAHI ECO BOOKS 27

気候変動列島ウォッチ

アサヒビール株式会社発行□清水弘文堂書房発売

はじめに

本書は財団法人地球・人間環境フォーラム刊『グローバルネット』２００８年１月号から２００９年３月号に掲載された連載「ちょっと、おかしくないですか？」を加筆・修正し、再編集したものです。

本書を執筆するきっかけは、気候変動に関する政府間パネル（ＩＰＣＣ）の第３、４次評価報告書の政府レビュー業務の仕事にかかわったことが大きいです。第３次のときは、気候変動ということばは世間であまり知られていませんでした。ＩＰＣＣと言うと、「なに、それ？」という反応。学者もメディアもＩＰＣＣもまた、気候変動への関心は低かったように感じます。ところが、第４次評価報告書になると、知名度が高くなりました。残念ながら、中身や実態への理解度は別でしたが……。

とにかく、２００７年ベルギーで開催された第２部会の承認会議の記者会見には４００を超えるマスコミの人たちが世界中から集まりました。その光景を目にしたときに、今後のＩＰＣＣはさまざまな意味で変わるのだろうな、と思ったものです。

第４次評価報告書の統合レポートの承認会議はスペインのバレンシア市で開催されました。それも夜通しの議論を経て、ぎりぎり妥協の積みかさねの果てに、承認されることになりました。そして、前回よりもはるかに多いマスコミの数。それをわきから眺めていた自分。「よし！」とその場で決めたのは、太陽の光が差しこまない部屋で山ほどの書類に埋もれているだけではなく、今度は現場へ足を運ぼうと。流氷が流れてくる北国から茂ったマングローブ林のある亜熱帯まで、日本列島にはなにが起きているのかを自分自身の目で見て、現場の声を耳にし、違う視点から気候変動を考えてみようと……。

現場に足を踏みいれると、いたるところから聞こえてくる地球の痛切なうめき声。沖縄県では水中のサンゴ礁が青白い顔をして、こっちを見ている。九州の田んぼはいままで見かけなかった生きものたちにとまどい、イネは立ちさる生きものたちを静観している。京都の庭園の苔は、黒ずんだ顔をしながら、うっすらとした霧を待つ。能登半島の塩田は、不安定な気候に困惑する。東北のリンゴは日焼けし、地面にポトリと寂しげに着地する。北海道では流氷が北へ、北へ、とゆっくり流れゆく。お腹いっぱいになった森の木々をオコジョが不思議そうな顔で眺めている。日本列島各地で、セミたちが季節のズレを感じながら、鳴く。いや、泣きさけんでいる、と言ったほうが正しいかもしれません。

本書に登場する出来事や現象はわたしの現地調査《フィールド・ワーク》によるものです。もちろん、原因はさまざまな要因が複雑に絡みあってのことで、一概に気候変動によるもの、と断定することはできませんが、いままでとは違った変化が起こっているのは事実なのです。

本書を刊行するにあたって、多くの方々にご協力いただきました。とくに、(財)地球・人間環境フォーラム専務理事の平野喬さん、『グローバルネット』編集部の坂本有希さんをはじめとしたみなさまには感謝、感謝のみです。平野さんと坂本さんが私の夢物語のような取材野望を寛大的に受けいれ、細かいことを言わずに「Just Do It!」という青信号をだしてくれたおかげです。また、株式会社清水弘文堂書房の編集にたずさわったみなさま、アサヒビール株式会社社会環境推進部のみなさまに感謝申し上げます。そして、本書に登場するみなさまに心から御礼申し上げます。

それでは、「気候変動列島ウォッチ」の旅に一緒にでましょう。

2010年5月吉日　あん・まくどなるど

シンポジウム「気候変動と農業・食料生産」

シンポジウムのようす

「気候変動と農業・食料生産」（宮城大学地域連携センター等主催、(財)地球・人間環境フォーラム等共催）をテーマにしたシンポジウムが2008年2月9日、仙台市の宮城大学太白キャンパスで開催されました。これは同大学国際センター准教授のあん・まくどなるどさんの呼びかけで実現したもので、約200人の研究者や農業生産者が熱心に耳を傾けました。

北里大学副学長の陽捷行さんから気候変動と食料生産について基調講演が行われ、つづくパネルディスカッションでは、宮城県のエコファーマー佐々木陽悦さん、宮城大学食産業学部教授の加藤徹さんらが参加。それぞれの現場から現状を語り、問題を提議しました。

基調講演　気候変動と食料生産

陽《みなみ》　捷行《かつゆき》さん（北里大学副学長）

地球は大きな生きもの

温暖化とは、やや暑くなってきたことをいうのではないのです。まず、地球はなんなのかといったコンセプトが重要だろうと思うのです。それには、地球をひとつの生命体としてとらえる地球生命圏・ガイアの流れがあり、これは言うなれば無意識的・直感的な概念です。最初にラブロック（注１）が提唱した地球生命圏・ガイアについてお話しします。

１９６９年が大変重要な年だったと私は思っています。宇宙船・アポロがわれわれに地球を見せてくれた年です。今から39年前にわれわれは鏡を見るように地球の姿を目にして、地球は生命体、生きものだという自覚を持ったのです。その年にラブロックが地球生命圏・ガイアという概念を発表し、地球は大きな生きものだということを思考した創造的な年でした。

地球は46億年前にできました。それは言うなれば混沌の状態でした。カオスですね。太陽の惑星に金星と地球と火星があり、大気はどの惑星も同じようなもので、金星と地球は二酸化炭素が98％、火星では95％です。その後、現在の地球は二酸化炭素が０・０３％、酸素が21％の惑星になったわけです。

これは賢い微生物がいて、地球上にあった二酸化炭素（CO_2）を食べて、Cを固定して、O_2を大気に放出していったために地球上の酸素が2％、10％、20％と、どんどん増えていったからです。

それが今から4億年前に、大気中の酸素の構成比（注2）が21％になり安定しました。22％になっても、25％になっても、あるいは18％に落ちてもおかしくない。ところが21％をピタッと維持している。いったいなぜか。それは地球がみずから21％の酸素を維持しようとしているのです。こうしたことから「地球は生きている」と言えます。地球は自己調整機能を持っているのです。

ほかにも例はあるのですが、こういう風にしてラブロックは惑星の大気を見ただけで、そこに生命がいるかどうかを判断し、火星探索をする時も火星には生きものはいないと早くから言っていたわけです。まぁそれはともかく、こうして「地球は生きている」という概念をラブロックが打ちだし、われわれは地球を抜きにして考えたり、行動したりしてはいけないということに思い至るわけです。

環境が変われば、すべてが変わる

さて、地球の温暖化を知るためには、われわれの身辺でなにが起きているかを知る必要があります。それがわかっていなければ、なんのための温暖化の研究や学びかということになりますからね。海の怖さを知らないで海を語ったり、農業のたいへんさを知らないで農業を語るのと同じで、それでは困るのです。教育と実践という問題はつねに、われわれの中に密着させておかないといけません。

それで実際のお話をすると、富士山の永久凍土（注3）がどんどん溶けています。1998年の夏、標高2500～3400メートルにわたって、100メートルごとに地温を測りましたが、3400メートルまで凍土が検出されなかった。1976年には、3200メートル地点まで永久凍土があった。この20年間で標高約200メートルの凍土が消失していたのです。

そして海流の変化も挙げられます。そのせいでマイワシ（注4）がとれなくなってきています。これはアリューシャン列島の低気圧が弱まったために、親潮が南下して黒潮が上流できず、マイワシの捕獲量が減るからです。

ほかには、エチゼンクラゲ（注5）の大発生があります。エチゼンクラゲというのは、2メートルも3メートルもあり、100キログラムや200キログラムになるようなものもいて、大きなクラゲです。これが大量に発生している。原因は温暖化もありますが、中国の河川の富栄養化の影響もあります。これまではだいたい越前に現れていたからエチゼンクラゲといわれていたのですが、今は津軽海峡を越えて三陸沖まで出てきている。この巨大エチゼンクラゲをどうしようかと考えあぐねているところです。

それから温暖化とマラリアの問題は大変深刻です。国立環境研究所では「地球温暖化で西日本がマラリアを媒介する蚊の生息地になっても不思議ではない。マラリア原虫を媒介しているのはハマダラ蚊属の蚊で、91か国に分布し毎年3～5億人が感染、150～270万人が死亡している。今後これが増えていくだろう」と予測しています。日本では、この蚊の生息地は宮古島ですけれども、年平均気温が摂氏3度上昇すると、西日本一帯も蚊の生息可能地域になる。

あと、アルゼンチンアリ（注6）の増加です。このアリは気温が5～35℃の範囲で活動しますが、アジアにはいないものでした。なんでも食べますから果物やトウモロコシなどの農作物を荒らし、コンクリートに穴を開けて住居にも侵入してきます。就寝中にかまれたりする人もいて、全国から被害を受けたという報告を聞きます。それで日本中の地下で繋がっているんじゃないかと仮説をたてた人がいるくらい、アルゼンチンアリが襲ってきているわけです。

まだまだあって、青森ではリンゴは一定以上の高い温度がつづくと赤くならないので収穫に影響が出ていますし、九州では暑さによる米の品質低下などの被害が出ています。このように言いだしたら切りがないのです。

「地産地消」から「地消地産」へ

農業も健康もすべてが環境と関わっています。われわれが豊かな生活をし、食糧を増産することによって、温暖化が進みさまざまな生態系が傷ついています。地球が緩衝能力の限度を超えようとしているのに、われわれはなにも対策をとっていないのです。

少し前にはやりましたが、朝シャン。朝、髪を洗うことですが、まだやっている人はいますし、石油やティッシュペーパーも使いたい放題。わが国はいったいなにをやっているんでしょうか。京都議定書から抜けたアメリカですら、温室効果ガスを削減する法律を昨年、上院で通しました。わが国には長期的な削減目標はあるのでしょうか。

では、われわれはなにをすればよいのか。全身全霊を傾けてエコ商品を買う。物理的欲望を下げる。

本当にやっていかなければもうだめですよ。自然エネルギーの消費量を減少させるのは、簡単なことです。早く寝ればいい。そうすれば電気を消すことができます。できることは無数にあると思います。それから生産、流通、消費の全体に関わるクリーン化が必要です。そこで消費するものだけをそこでつくるという考え方、つまり「地産地消」ではなく「地消地産」でなくてはなりません。つくったものをすべて消費しようとなると流通の問題が起き、結局大量のエネルギーを必要としてしまいますからね。

外国からものを輸入して食べるということは、エネルギーをたくさん使います。39％の食料自給率の問題ともからみますが、あとの61％はものが移動しているということですから、これは流通、消費の問題になってきます。

皆さんには自分が温暖化を進めているという自覚がありますか。自分が食べていること、服を着ていること、パソコンを使っていること、こうしたことが地球を暖かくしているという自覚です。あれが悪い、これが悪いじゃない。自分が食べていること自体が悪いんじゃないかという、自覚を持てるかどうかです。

それから「経済が右肩上がり」という言い方は辞めたほうがいいですね。それは大きな経済の環の中に環境があるという意識しか生まないからです。あまり経済のことに関係していない人は、そうした意識を即座に捨てましょう。こんなことはここで初めて言うのですけれども、大きな環境の環の中に経済があるという意識を持たない限り、地球の温暖化防止など絶対にできません。

煮られているカエルと同じでは

温暖化と文化の関係についても、まだ誰も言っていませんが、温暖化が進むと美しい景観がなくなるかもしれません。古事記から始まってわれわれが美しい詩歌をつくり得たのは、わが国の自然が美しかったからです。

それから共同体の喪失ということも起こりうるでしょう。海人《うみんちゅ》（漁師の沖縄方言）たちの仲間意識が失われるのではないか。農村地域の祭りは大丈夫だろうか、風習の変質はないだろうか、生物多様性の喪失についてはどうだろうか。こういうことは、早く言っておかないと、失われてからでは遅いのです。科学の数字では示すことのできない精神世界の危機というものも温暖化の問題の中に含めて考えないといけないのではないでしょうか。

もうひとつ、カエルの悲劇についてお話しします。水を入れた鍋と熱い湯を入れた鍋を用意します。両方の鍋にカエルを入れると、熱い湯に入れたカエルは驚いて飛びだすので助かります。しかし、冷たい水の中のカエルは徐々に鍋が温められていくため、カエルは変温動物ですので少しずつ神経が麻痺して、完全に煮られて死んでしまうのです。迫っている危機を知らずに死んでいくカエルから、次の教訓を得ます。

実際に自分たちに迫ってくる危機を感知できる人は、そうはいないでしょうが、こんなにのんびりしていて大丈夫なのか。ひょっとしたらわれわれは煮られているカエルではないか。そうした自覚をひとりひとり持つことが、大いなる意識の高揚につながると思います。

パネルディスカッション

司会　あん・まくどなるど（宮城大学国際センター准教授）

気候変動と食料生産についてのディスカッションを1時間以内でというのは無理な話で、こういう内容は、1年間じっくり時間をかけて毎週毎週討論すれば、なんとかコーディネートできるかもしれないのですが……。今日はあくまでも問題の投げかけに力を注ぐことにさせていただきたいと思います。

私は、IPCC（気候変動に関する政府間パネル）（注7）の第三次調査報告書から、環境省関連の――当時は環境庁だったのですが――地球・人間環境フォーラムというところで客員研究員として、特別評価報告書と第三次、第四次評価報告書のレビューに関わってきました。これはですね、想像できないくらい凄まじいものだったのです。

陽先生も第一次から、仕掛けたグループのおひとりとして関わっていらっしゃいますが、じつはひとつの評価報告書をつくるにあたって、何千人もの科学者が関わっているのです。

私が関わったレビューは何回もおこなわれました。ほかに、専門家のレビュー、プラス国連に属している国のセルフレビューもその中の章のレビューもあったりして……。そのあいだに書きなおしていくのです。６年間それは凄まじい作業の繰りかえしで、去年、第四次評価報告書が出たのです。第一、第二、第三、パリ、ベルギー、バンコクで会議があって、25時間かけて討論して、ようやく承認されたのです。

では、報告書が出たあとはどうするのかですが、グローバルな問題は実際に起こっています。肝心なのはそこでなにをするかです。第五次評価報告書が出るまでに、グローバルに起きていることを、ローカルにどう適応させていくか、あるいはどう緩和対策をつくっていくかです。

それで今日は「気候変動と農業・食料」というテーマに絞って、それでもまだかなり大きなテーマではありますが、まず現場ではなにが起きているのかを考えなければいけません。それについては、佐々木さんがお話をしてくださると思います。そして現場に密着して地道に何年にもわたって研究をつづけている人たちもいるのです。そのおひとりが加藤先生です。

こうした現場からの発言、研究者からの発言を通して、われわれがなにを考えていくのか。それから現場と研究者と行政が一緒になって、今後の適応対策をどう考えていくのか、そうしたところを投げかけられればと思っています。

パネルディスカッション　品格ある農業生産が温暖化対策につながる

佐々木《ささき》　陽悦《ようえつ》さん（宮城県のエコファーマー第１号）

自然にさからうと、しっぺ返しが

私は30年前から、農薬や化学肥料による生産者の健康の問題に関わり、そこから環境保全型農業に移りました。その中でちゃんとした土作りをしなければいけないし、栽培というのは適地適作でやらなければならない。偉大な自然にさからってものをおこすと、必ずしっぺ返しがあるのではないかと思うようになりました。基本的に農業生産は自然の枠の中にあるというのが環境保全型農業に関わって学んだ教訓です。

それで土作りをしている中で、どんなことが温暖化の影響として現場に出ているのかということをお話しします。宮城の米はササニシキ、ひとめぼれといわれ、新潟のコシヒカリを中心とする米に対抗してきました。晩成種（注8）のコシヒカリは宮城ではつくることのできない品種でした。一部、宮城の南部ではつくっておりましたけれども、今や私もコシヒカリをつくっていますし、岩手の南部のほうでもできるようになりました。

生産者の立場からすると温暖化というより気候変動、異常気象が一番心配です。これはさまざまな災害を生む危険性があるわけで、異常気象が農業生産に与える影響は非常に大きいと思います。

もうひとつ土作りをしていて思うのは、田んぼから発生するメタン（注9）をどうするか。それが私たち農業者にとってもっとも大きな温暖化対策の課題になっています。堆肥化するために窒素を入れたらどうなるのか、いつ堆肥化すれば二酸化炭素の排出が少なくなるのか、田んぼから水の出しいれをするにはいつ、どのようにするのがいいのか。そうしたことを生産者としては、一般の農家の方たちより少しは意識しながらやっているつもりです。

それから間接的ですが、温暖化は宮城の畜産農家などに大きな打撃を与えています。オーストラリアの干ばつで、餌がたいへん高くなっており経営が危機的状況になっているのです。こうした現象が農村に現われています。

生産現場をどのようにつくっていくか

環境保全型農業の見直しの中で、公益的価値を生みだす農業技術というのは、環境にやさしいということに生産者も気づいてきました。とりわけ土壌の炭素貯留（注10）の観点から、地球環境問題の解決には有機農業や環境保全型農業が貢献すると。みずからやってきたことが野菜や米の商品価値を高めただけでなく、もうひとつの価値を生み、世の中に貢献できる技術であるという確信と自信をもたらしました。

こうしたことが新たな意欲となって、日本の農村の中で環境保全型農業に対する関心が高まってきました。これからCO_2やメタンの発生をどう抑えるか、この農業のあり方を追求し土台をつくっていかなければいけないと思っています。

そこで私はちょっとした面白いことを考えついたのです。田んぼは6月になると水面が真っ赤になります。これはイトミミズが大量発生するからですが、イトミミズはメタンの発生のもとになる未熟な有機物を食べてくれるので、もっとイトミミズを増やせばメタン発生の抑制につながるのではないか。そんな仮説をたててチャレンジしているところです。

国民的な課題としては、中国の餃子の問題に見られたように、あれは海外にあまりにも依存しすぎた結果起こった食料問題でもあります。そうしたことを踏まえて、日本の農業がきちんと品格ある生産を心がけていくことが必要です。そうすることによって炭素の貯留などもできるようになるわけですから、やはり生産現場をどのようにつくっていくかということが大事だと思います。

パネルディスカッション　気候変動と農業用水

加藤《かとう》　徹《とおる》さん（宮城大学食産業学部教授）

ダムへの流水量の減少は避けられない

農業・食料生産というと、一般の方はイネの品種あるいは品種改良、それから肥料の問題、農薬の問題、そういったほうには目が向くと思うのですが、水の問題まで考えていただく機会は少ないと思います。

ですが、農業用水の問題は非常に大切ですので、温暖化による気温上昇、水の問題、さらには温暖化が稲作の問題にどのように影響していくのかなどお話ししたいと思います。

田植え時期を控え、満水状態の大倉ダム（写真提供：加藤 徹さん）

わが国では現在、約８４０億トンの水が使われています（河川・地下水からの取水量ベース）。そのうち生活用水は１６１億トン、工業用水１２１億トン、農業用水が５５７億トンで、農業用水が圧倒的に多く、全体の水使用量の３分の２を占めています。東北地方では、使用される水の量は生活用水が全体の７%、工業用水が８%、あとの85%は農業用水です。この農業用水はほとんど稲作に使われているのです。

地球温暖化による農業用水への影響を知るために、ダム流域における流出量の変化について説明しますと、宮城県に大倉ダムというのがあります。これは広瀬川の上流の大倉川にあるダムで、コンクリートのダブルアーチ式のダムです。ダブルアーチ式のものは、わが国ではひとつだけですので、近くに行かれることがありましたらぜひ見ていただきたいと思います。

では、このダムに入ってくる水が温暖化による気温の上昇でどのようになるのかシミュレーションをしました。条件としては１～４℃まで１℃刻みのシナリオをつくっています。気温が１℃上昇すると降水量は２・５%ずつ増加すると仮定しています。ですから４℃上昇すると降水量は10%増加する

表1 地球温暖化による大倉ダムへの流入量の変化

	4月	5月
1℃上昇につき	-35mm (-10%)	-20mm (-8%)
2℃上昇の場合	-70mm (-620万 m^3)	-40mm (-354万 m^3)
4℃上昇の場合	-140mm (-1240万 m^3) 大倉ダムの有効貯水量の半分	-80mm (-708万 m^3) 大倉ダムから仙塩地域の上水道への供給量約50日分

ことになります。

ダムに集まってくる水の流域の広さ、集水流域面積は大倉ダムの場合は88・5平方キロメートルあります。その流域から出てくる水を計算する時に低い所と高い所では気温が異なるため、降水量や積雪量が若干違います。そのため流域全体を4分の1ずつに分割して積雪融雪《ゆうせつ》計算を行い、最終的に全体の流域から入ってくる量を計算することにしました（表1）。

積もった雪が溶けてくるのと雨の量を合わせてダムへの総流入量を計算すると、融雪最盛期の4月がもっとも多くなります。最終的には6月の上旬くらいまで融雪の影響は残ります。それが現在の気温から1℃、2℃、3℃と上がっていきますと、融雪最盛期の流量はぐっと減ります。4℃になると、4月には約40％も減少し、農業用水の利用にとって大きな問題です。

それは東北地方の積雪寒冷地帯や北陸地方の豪雪地帯、こういったところでは稲作でもっとも水を必要とする、代かき（注11）と田植えの時期に水量が少なくなるからです。気温が1℃上昇すると4月の水量は35ミリメートル、4℃上昇すると140ミリメートル、これに流域面積をかけると1240万トン少なくなるわけです。これは現在の大倉ダムの有効貯水量の半分に相当します。

5月はどうかというと、80ミリメートル減り、約700万トンの減少となります。大倉ダムは仙台・塩釜（仙塩）地域の上水道用水として毎秒1トン供給していますので、約700万トンという数値は50日分に相当するのです。

ダム機能の重要性

つぎに地球温暖化による米の高温障害の問題ですが、九州では最近、全国平均を上回る気温上昇が見られ、米の稔る時期（登熟期）に高温障害をうけ、一等米比率（注12）が2001年度は72％とやや高いレベルにありました（表2）が、それが2004年度と2005年度はどの県も50％を割っています。ひどい県は20％以下です。このようなことから、将来、九州では米がつくれなくなるだろうといわれています。

もし、仙台の気温が4℃上がったらどうなるかというと、現在の福岡と同じ気温になるのです。東北地方では水稲作付けは雪解け水の多い5月上旬に田植えをして、それで8月上旬に出穂、9月下旬から10月上旬ごろに刈りとりをします。

宮城県などの東北地方では2007年度産の米は一等米が90％を超えていますので、高温障害はまだ受けていないということになります。ところが気温が4℃上昇した場合、現行の田植え時期はダムの流量が少ない時にあたり、出穂、刈りとりの時期の高温障害が現在の九州を上回るようになるので

表2 九州における一等米比率の推移

年度／地域	2001	2002	2003	2004	2005
九州地方	72	57	49	24	28
福岡県	67	52	40	13	19
佐賀県	74	36	43	25	23
長崎県	50	48	34	25	19
熊本県	80	58	48	14	30
大分県	81	78	64	40	41
宮崎県	65	66	65	43	42
鹿児島県	70	76	62	32	26

はないかと予測されます。

そうなると水量は5月よりも4月のほうがまだ安定しているので、田植えの時期を早めてしまうという手もありますが、その場合でもやはり登熟期が気温の高いところになりまして、現在の九州を上回る高温障害の問題が出てくるのではないかと思います。では6月ごろの田植えではどうかというと、水量がもっとも少ない時期になり用水不足が問題となるほか、九州と同じ状況で田植えをすることになり、現在の九州と同じような高温障害をうけます。

こうした気温上昇による高温障害を回避するためには、栽培時期の検討、品種改良、九州では「にこまる」(注13)という新しい品種が改良されて、それが植えつけられるようになりましたが、いわゆる耐高温性の品種改良も必要です。

それから水稲栽培時期の変化に対応する用水計画やそれに伴う水利権の更新、ダムの貯水運用ルールの見直しなども必要になってきます。

ダムは無駄なものだといわれることもありますが、温暖化により雪の持つダム機能が低下するほど融雪水を無効に放流しない人工的なダムの役割が非常に重要となってきます。温暖化と農業・食料のことを考えるにあたっては、農業用水のことを頭の隅に置いていただけたらと思います。

注1：ラブロック……イギリスの科学者で作家、ジェームズ・ラブロック(James Lovelock)のこと。「ガイア理論」の提唱者として有名。「ガイア理論」は地球をひとつの生命体と見立てる仮説で、地球上の生物と環境はすべて関連・依存しながら恒常性を維持しているとする。

注2：大気中の酸素の構成比……地球の大気の主成分は窒素と酸素で、全体に対するそれぞれの構成比（濃度）は窒素が約78％、酸素が約21％を占める。残りの約1％にほかのすべての気体が含まれている。

注3：富士山の永久凍土……永久凍土とは、夏でも氷点下を下回る気温がつづき、2年以上にわたって凍結している土壌のこと。富士山頂の土が真夏でも凍っていることは以前から知られていたが、１９７０年代に藤井理行らの研究チームにより永久凍土と確認された。藤井博士を含む研究チームの継続的な調査により、近年は南側の永久凍土帯が著しく後退していることが判明している。

注4：マイワシ……ニシン目、ニシン科、マイワシ属に分類される。東アジア沿岸に分布する海水魚。春から夏にかけて北上し、秋から冬にかけて南下する生態を持つ。

注5：エチゼンクラゲ……大型のクラゲの一種で、傘の直径が人間の身長を超えるほど成長するケースもある。近年、日本海沿岸で大量発生を繰りかえし、定置網を破るなど深刻な漁業被害が起きている。

注6：アルゼンチンアリ……南米原産のアリの一種。国際自然保護連合（ＩＵＣＮ）が定めた「世界の外来侵入種ワースト１００」に含まれる。日本でも外来生物法により特定外来生物として持ち込み規制と防除が定められている。国内では１９９３年ごろ広島県で棲息が確認され、その後定着し現在も分布が広がっている。攻撃的で、とくに在来種のアリの減少が懸念されている。

注7：ＩＰＣＣ（Intergovernmental Panel on Climate Change、気候変動に関する政府間パネル）……国際連

合環境計画（ＵＮＥＰ）と世界気象機関（ＷＭＯ）の協力により１９８８年に設立。地球規模の気候変動に関する研究の評価をおもな活動としている。３つの作業部会が連動し、数年ごとに評価報告書を作成する。２００９年までに4本の「評価報告書」が発表されており、最新のものは２００７年の第４次評価報告書。本文で言及されている第3次報告書は２００１年に承認された。環境省や気象庁のウェブサイトではＩＰＣＣに関する情報を日本語で配信している。

注8：晩生種……作物の収穫時期が相対的に遅い品種。早いものは早生、中間のものは中生と呼ばれる。

注9：田んぼから発生するメタン……メタンは温室効果ガスの一種。水田にすむ微生物が稲藁などの有機物を分解する過程でメタンガスがつくられ、大気中に放出される。

注10：土壌の炭素貯留……樹皮、藁、おがくず、家畜の糞などを発酵させた有機肥料を使用すると、分解しにくい部分が土壌の中に保存され、その中に含まれる炭素が大気中に放出されるのを防ぐことができる。堆肥作成、作物栽培、土壌管理などのようなケースにも効果的に炭素を貯留できる方法があるが、方法によっては逆効果になる場合もあり注意が必要。

注11：代かき（しろかき）……田に水を張った上で、土を起こし砕いて泥状にしながら田を水平にならす作業のこと。水を張り代かきを終え、田植えを待つばかりの田を代田と呼ぶ。「代掻」「代田」は俳句で初夏の季語とされる。

注12：一等米比率……農産物検査法が定める農産物検査のひとつ。水稲うるち玄米の場合、一～三等（および規格外）の等級がある。農水省九州農政局の検査結果によれば、同局管轄内の水稲うるち玄米一等米比率は２００９年度の同年産で55・5％（9月15日現在）、二等以下に格付けされたもののおもな原因にはカメムシ類による着色があげられ、約70％にのぼっている。２００８年度の同年産では一等米が43・8％（２００８年12月31日現在）と半数を下回った。（※数値はすべて速報値）

注13：にこまる……米の品種のひとつ。温暖な地域でも安定した品質と多収性を同時に実現。２００５年に農作物新品種として登録され、２００９年現在、長崎県と大分県で水稲奨励品種に指定されている。

稲作ウォーク［九州編］

２００７年12月上旬、冬の幕が開けつつある日本列島。伊達政宗の精神を今に受けつぐ米どころ、宮城県大崎平野では例年より早く雪がゆっくりと舞いながら降ってきた。太平洋側へ広がる３６０度の空の下に１ヘクタール単位の田んぼが何百枚もの白い毛布に覆われ、眠っているかのように見える。

朝霧の中、白サギ群が白い田んぼで羽を休めている。白に白、まさに目で冬を感じさせる東北ならではのひとつの冬景色である。

冬眠しているかのように見える太平洋側の北国から、私は一路九州へと飛んだ。毛が少し伸びた坊主頭のような刈りとったあとの茶色い田んぼが、飛行機の窓から目に入ってきた。白一色に彩られた北国から来ると、西日本は春先のように感じる。しかし代々ここを居にする人びとにしてみれば、この眠気を誘う茶色の風景のほうが、白い世界よりも冬景色として感じられるのであろう。

宇根　豊（うね・ゆたか）

元福岡県農業改良普及員、減農薬運動の先駆者のひとり。小規模百姓、ＮＰＯ 法人「農と自然の研究所」代表理事。著作には『減農薬のイネつくり』『田んぼの忘れもの』『「百姓仕事」が自然をつくる』『天地有情の農学』ほか多数。

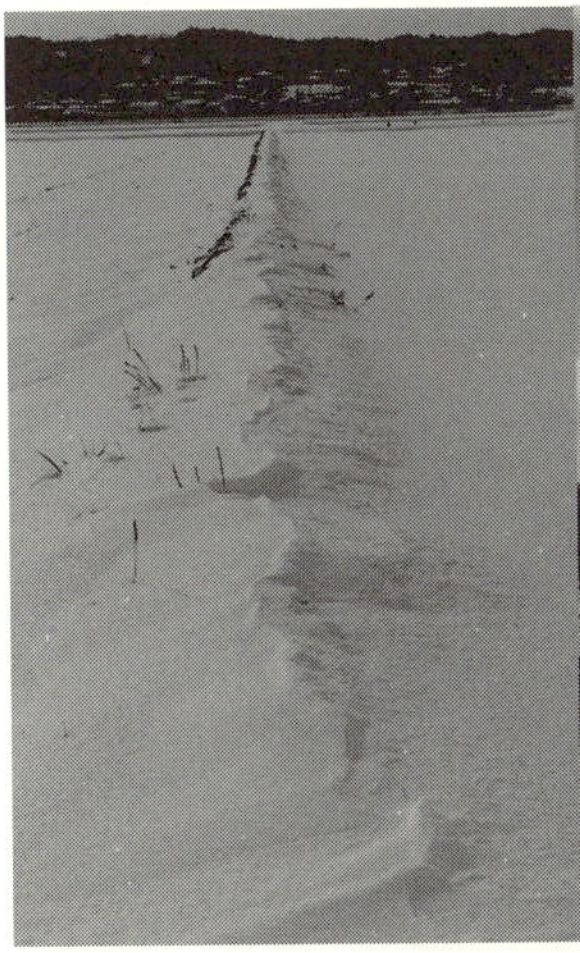

松山町大崎平野の雪に覆われた冬の田んぼ（左）
福岡の田んぼの風景（右）

自然を操りながら、また操られながら、加害者・被害者といった紙一重の相互関係が成りたっている農業・漁業・林業。人間と自然界のこのわずかな隔たりに気候変動が加わればどうなるのか。いや、どうなっているのか。それが気になって、まず九州稲作地帯へ足を運んでみたのである。

現場の人の声に耳を傾け、研究者と類する人びとの考察や見解を知ることができれば新しい発見へとつながり、これまでとは違った問題意識を持つだろう。今、私は「稲作ウォーク」のスタート地点に立っている。

現場での適応能力の衰え

福岡県筑前深江駅から車で10分走ったところにある玄界灘に面した食事処で、宇根豊さん（57歳）と会った。

「昭和30年代ごろは、百姓は週に30時間くらい田んぼに出ていたと言います。今はそのころよりも耕す面積は拡大していますが、田んぼにいる時間はその5分の1にまで短縮されました。理由は機械化が進んだからですが、そのせいで作物だけではなくて、周囲の自然へのまなざしまでもが衰えてきたように感じます。気象や自然現象の変化に百姓自身が気づいていないのです。これは自然考察能力などが衰えてきた証拠です」

宇根さんは筋の通った言葉を機関銃のようにズバッズバッと発する。気候変動が農作物にいかに影響を及ぼすかということより、稲作現場での適応能力のほうが気になるようである。

農薬・化学肥料の導入、化石燃料重視農法、農作業の機械化といった現代農業の姿。農家と自然界との溝が深まる中で、現場の人は個々の農法が自然界に与えている影響への認識だけでなく、自然界から受けている影響に対する認識も低い。言うまでもないことだろうが、与える影響と受ける影響、その認識の土台づくりから始める必要がある。「適応に尽きる」という宇根さんの一言には多様な意味が込められている。

減農薬運動から生きもの調査まで、現場主義の活動を広げてきた宇根さんは、2002年3月に「田んぼの生きもの調査の結果（全国平均値・2001年）」をみずからが立ちあげたNPO法人「農と自然の研究所」から世に問いかけた。

それに目を通してみると、10アール（1アール＝100平方メートル）の田んぼにはツマグロヨコバイは4万6800匹、ウスバキトンボは1150匹、トノサマガエルは59匹、ニホンアマガエルは99匹、ツチガエル・ヌマガエルは1083匹、イトミミズは11万5千匹、ヘイケボタルは32匹と、興味深い結果を示す。田んぼを支える命の繊細さとたくましさがこのリストから伝わってくる。

同時に起きている複数の変動

私が生きものの調査を通して感じてきた気候変動の影響には、たとえば、これまで見られることがなかった生きものの移動や、気温上昇やそれに伴うイネや田んぼへの影響などがある。それについてさらにうかがうと、宇根さんは一瞬考えこんでからこうつづけた。

以前は鹿児島や宮崎までにしか生息していなかったミナミアオカメムシ（注1）が福岡でも見られるようになり、鹿児島では、ここ3年のあいだにシマツユクサが北上してきたそうだ。

しかし、九州で見られる植物移動が気候変動なのか、それとも外来種のような人間による導入なのかを区別する必要があり、これには地域レベルでのモニタリングが必要になると話す。

また、トビイロウンカ（注2）が飛んでくる時期が6、7月から9月に変わり、ウスバキトンボ（注3）は以前早いところでは3月に福岡へ飛んできたが、その時期が不安定になっていると言う。

気象についても、台風の発生時期や経路が変わり、8月から9

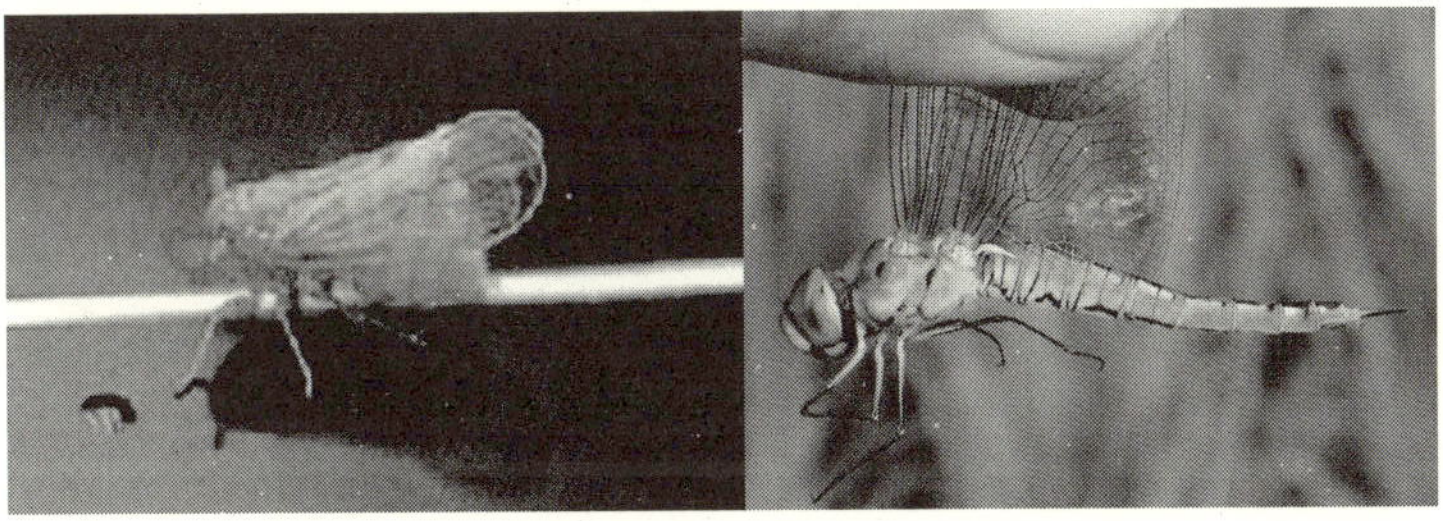

トビイロウンカ（左）とウスバキトンボ（右）
『ふくおか 農のめぐみ100 ―生きもの目録作成ガイドブック2007―』
（福岡県農のめぐみ推進ワーキンググループ企画）より引用

月にかけてよく通っていたのが、最近では6月から7月へ変わったと見られている。降水の変化では、雨の降る時期、そして量も変わってきた。日照時間の変化や夜間温度、気温上昇によるイネの品質への影響も見られる。複数のなにかが同時に起きているが、農業者をはじめそれに気づいている人はまだ少ないのではないかと言う。話を聞けば聞くほど、気候変動がもたらすクモの巣のような複雑な自然現象を感じる。

独立行政法人「農業環境技術研究所」は、１９９０年から地球温暖化関連の研究プロジェクトを北海道から沖縄まで展開してきた。(独)農業・食品産業技術総合研究機構九州沖縄農業研究センターの森田敏博士は、九州で水稲《すいとう》の温暖化による影響を追究している。研究データを分析した結果、九州ではここ5年連続で高温障害が起こり、イネの作柄・品質の低下が生じている。一等米比率（注４）は30％前後まで低下しているという結果が出ている。

CO_2のイネへの影響を研究してきた(独)農業環境技術研究所の長谷川利拡博士によると、温度が高いから収量が減るというシンプルなシナリオではなく、複数の現象が日本列島での収量のばらつきを起こしていると推測する。

食糧自給率が40％を切った日本。それなのに、というのはおかしいかもしれないが、ブランド志向・高品質志向の国民が、イネの収量増減のバラツキや九州での作柄・品質が低下しているという現状を気に留めないはずがないのだが。

一村千品を目指して

今は高温と日照不足に耐えられるように、品種改良から生まれた高温登熟障害（適応）品種（注５）が出てきている。また、田植え期を前後にずらすなど現場の適応策もあるし、すでにある晩生品種（注６）を植えることも可能だ。ほかにも品質の維持を考えた場合、堆肥投入や深耕（注７）という方法もある。また、水ストレス（注８）が生じる現場では輪作（注９）や二毛作（注10）への適応可能性も考えられる。試行錯誤の中で生まれた適応策はひとつではない。話は高収量や高品質を重視する単一農業から経済構造、そして文化の限界やそれに伴う近代尺度の中にある自然観や環境評価といったことにまで及んだ。

「現代の品種改良はイタチゴッコをしているだけではないかと考えられます。一村一品ではなくて、一村百品、欲張って一村千品にしなければと思っています」

宇根さんは１９７０～７５年まで農業普及員をしていたころ、政府集荷の現場に立ちあった経験がある。当時の記憶によれば、ひとつの村のイネの品種は50くらいあったと言う。今は５、６種ほどしかない。これは農法から品種、消費者の味覚まで単一化することになり、脆弱性《ぜいじゃくせい》を高めることにつながると心配する。品種改良を肯定的に受けとめている宇根さんは「環境支払い重視農業」（注11）や「多様性重視農業・農法」（注12）の支持者である。

「天地からの恵みや罰、送られてくるメッセージ。そうしたものに対するまなざしが大事です。引きうけることが大事なのです。恵みも災害もすべて引きうけて、引きとっていかなければいけません」

精神論で締めくくられた宇根さんへのインタビュー。気候変動への適応についての回答は、自然への姿勢、自然との対応・対話・適応能力、この不撓不屈《ふとうふくつ》の精神が効果的な適応策につながるように思いながら、白一色に覆われた北国へと帰った。

注1：ミナミアオカメムシ……カメムシの一種で、熱帯など暖かい地域にすむ。日本でも西日本など温暖な地域に分布。イネや大豆の害虫として知られるが、最近は北上・東進が確認され、生息域を広げているといわれる。全国に分布するアオクサカメムシとよく似ていて区別が難しい。

注2：トビイロウンカ……ウンカの一種。ウンカは全般にイネの害虫であり、トビイロウンカはとくに甚大な被害を及ぼすことで知られる。

注3：ウスバキトンボ……トンボの一種。世界中の熱帯・温帯に広く生息し、寒さには弱い。本文での宇根さんの説明どおり、日本では春先に九州など暖かい地方で姿を見せはじめ、秋にかけて全国へ広がっていく。九州で「赤トンボ」といえば、まずウスバキトンボのこと（東日本ではアキアカネが代表格）。

注4：一等米比率……25ページ「一等米比率」の注を参照。

注5：高温登熟障害（適応）品種……イネが成熟し実をつけてゆく期間のことを登熟期と呼ぶ。登熟期に気温が高い状態がつづくとイネの品質が低下することがあり、高温登熟障害と呼ばれる。このような障害に強いのが高温登熟障害（適応）品種である。

注6：晩生品種……25ページ「晩生種」の注を参照。

注7：深耕……土壌を改良する方法のひとつで、土壌を深く掘りかえすこと。地中のガス放出、通気性と保水性の向上など耕作に有益な効果がある。

注8：水ストレス……一般に、生物に水が必要な状況なのに不足している時、水ストレスを受けているという。

注9：輪作……何種類かの異なる作物を同じ耕地で順番に栽培すること。通例、一回転に数年をかける。同じ

作物を栽培しつづけると、病害虫や土壌の栄養欠乏といった連作障害が発生しやすくなる。

注10：二毛作……輪作の一種で、一か所の耕地で一年間に二種類の異なる作物を栽培すること。日本では稲と麦、稲と大豆の組みあわせがよく行われた。同種を二度栽培することは二期作という。

注11：「環境支払い重視農業」……環境保全に貢献しながら農業を営む農家の所得を支援する制度を「環境支払い制度」「環境直接支払い制度」などと呼ぶ。各自治体が基準を設定し、それを満たす生産者に助成金を交付する例が多い。

注12：「多様性重視農業・農法」……化学肥料や殺虫剤など環境負荷の高い（生態系を破壊しうる）手段を使わず、天敵など農業に有益な自然の力を活かしながら、農業と生物多様性の回復・維持・向上とを両立することを目指す農業、農法のこと。

石西礁湖の島じまを歩く

２００７年の晩夏。沖縄からあるニュースが入ってきた。１９９８年に気候変動ウォッチングの注目の的となったサンゴの白化現象（注１）であるが、以来、白化現象が進行しつづけているとのことである。沖縄の海から気候変動の黄信号が点滅しているのか……。

それを確かめるべく、国際サンゴ礁年でもある２００８年３月下旬、石西礁湖《せきせいしょうこ》（西表石垣国立公園内の広大なサンゴ礁）の島じまを歩いてみることにした。石垣島から西表《いりおもて》島、由布島《ゆぶじま》、そして再び石垣島へ戻り、黒島、竹富島を回りながら、亜熱帯気候が生んだ動植物は無論のこと、そうした環境から創りあげられていった人間社会と文化についても触れる旅となった。

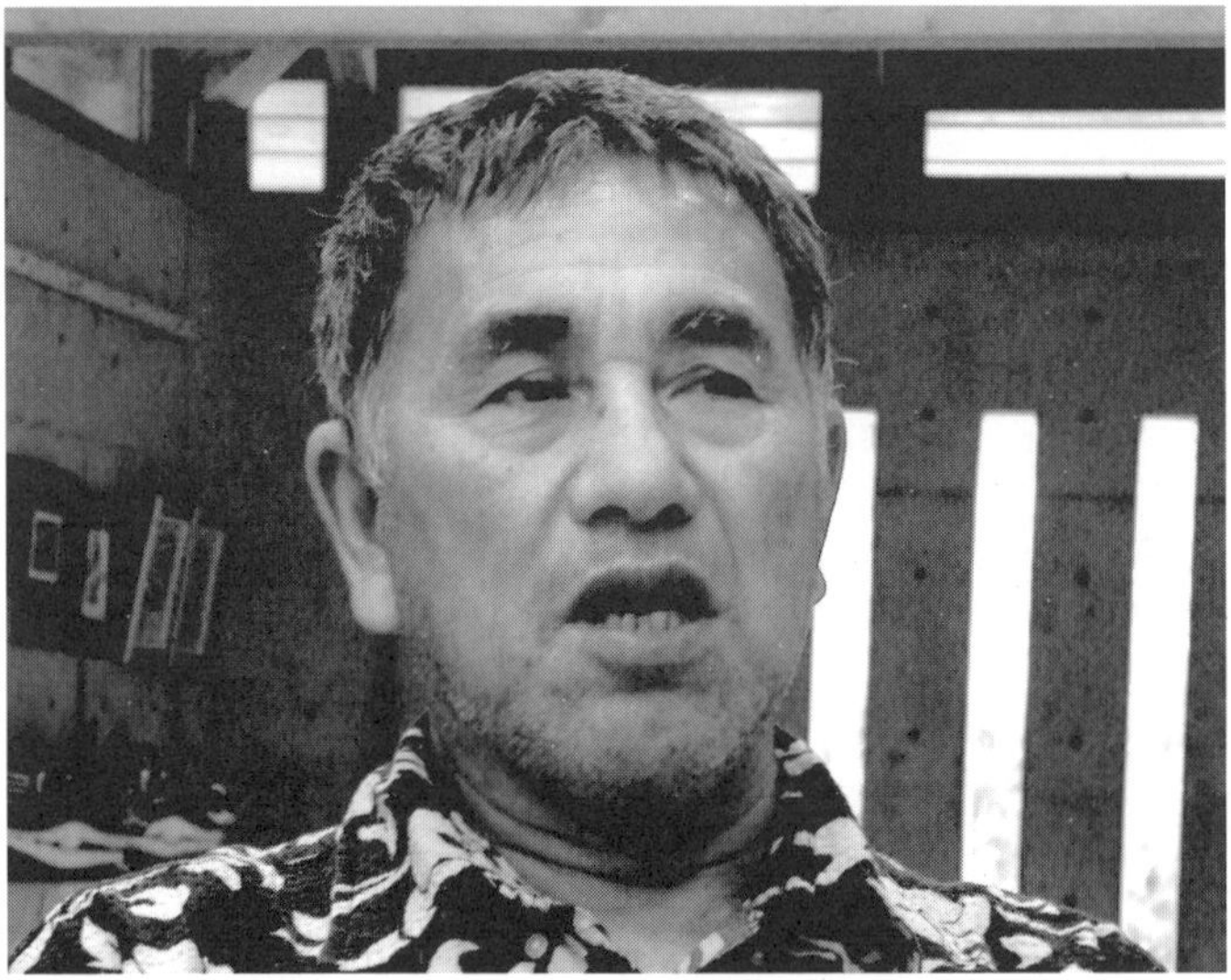

白化現象について自身の説を熱く語る新里さん

WWF サンゴ礁保護研究センター「しらほサンゴ村」

海の中から地球を眺める

石垣島の白保《しらほ》集落で出会った海人《うみんちゅ》、新里昌俊《しんざとまさとし》さん（66歳）は、約50年間、海潜りをして生活をしてきた。1941（昭和16）年10月に台湾で生まれた彼は、10歳の時に家族とともに石垣島へやって来た。戦後、与那国島から石垣島へ伝わったとされる伝統潜りの手法を15歳のころ本格的に先輩から教わった。その日から今日まで、台風の日をのぞけば天候を問わずサンゴの海に潜ってきた。

「水温は」との問いに、「そんなのを考えて仕事したことがない。頭の中は潮と風」と返す新里さん。潮の満ち引きと風向きと強さ、そして旧暦。新里さんは機器を使わずに、旧暦から自己流に満潮と干潮を割りだしている。そうして夜、海に出る。若いころは6～7時間潜っていたが、最近では5時間になったそうだ。

サンゴ礁の変化、その変化の原因となるものについて語る時、それまで物静かだった新里さんの口調に熱が帯びてくる。2007年の夏、サンゴの白化現象が白保周辺の海で起きた。気温上昇がサンゴにストレスを与えたと論じられているようだが、新里さんは「年々重ね説」を唱える。それは陸上や海中の人間活動の悪い影響が年々積もり積もって、サンゴが弱り生命力が衰えてきた。負荷・ストレス・害に対する抵抗力が弱まっていく中で、高温障害が重なり、白化現象が生じたのではないかと推測する。

気候変動によって悪影響を受けやすいものとはなにか。その受けやすい環境はなにが原因でつくられたのか。そして脆弱性《ぜいじゃくせい》のより高い自然環境がつくられたのであれば、なぜ「脆弱性高度状態」になったのか。陸を離れて海から地球を眺める彼は、まずそこへ目を向けようとする。

彼が潜りに出る浜のすぐそばにはWWF（注2）サンゴ礁保護研究センター「しらほサンゴ村」がある。そこは地域住民密着型の研究活動に力を入れており、2002年からサンゴ礁の定点観測を行っている。2007年の夏は、7月下旬から8月にかけて高水温の日がつづき、相次いで発生した台風6、7、8号の影響を受けて白化現象が進んだとみられる。

8月下旬に調査した海域の白化率は51%、死亡率は7%。各分類群で見れば、もっとも高い白化率はミドリイシ属の98%で、死亡率は36%。その次はハナヤイサンゴ科で白化率は96%、死亡率は53%。そしてコモンサンゴ属で白化率は49%、死亡率は4%となる。

季節のずれを感じる島人

八重山の海に囲まれて生きてきた島人《しまんちゅ》はどのように気候変動を感じているのだろうか。適応対策のひとつに地域住民が持つ気候への意識、認識を考慮することがあげられる。そうした意識や認識が高いほど地域型適応対策や地域住民参加型適応対策を構想し、有効な道を切りひらくことができるからである。

これまで白化現象より台風について語る人が多かったのが印象的である。30人中21人がまず台風のことを口にしている。それだけ台風に敏感であることは言うまでもないが、その風速や頻度が気になる様子だった。

厚い雨雲が八重山の海を覆う。島人によれば、2007年の冬は晴れた日が例年より少なく雨が連続し、降り方も変わったと言う人が12人いた。柔らかい小雨だったのが怒りを込めたようなスコールに変わったと話す。

西表島と由布島をゆらゆらと渡る水牛車に乗っ

西表島から由布島へ水牛車に乗って渡る

石垣さんと談笑する筆者

た。かつては農業に不可欠な労働力であった水牛車は機械化によりすたれ、いまや観光用労働力となっている。西表島で60年以上暮らしてきた水牛車案内人によれば、ここ2、3年大型台風が増え、2007年に風速70メートルを記録した。大型台風の後遺症は2008年3月現在でも、まだ多少残っている。それは潮風に塗られたように赤くなった松の葉にも見られる。このような大型台風が西表島を毎年通るようになれば、原風景にどのような影響を及ぼすのだろうか。

気温上昇を日々感じているというタクシーの運転手たち。彼らは観光客をはじめ、さまざまな人を乗せながら、多岐に渡る会話を交わす。

石垣島で73年生きてきた石垣永勲《いしかきながのり》さんは、子どものころはよく浜で遊んでいたそうだ。冬場は気温が10℃以下になると海面に浮かぶ魚があって、寒さに負けて死んだのだろうと昔は言っていた。今では見なくなった光景とのこと。

島人は冬だけでなく季節のずれを感じている。毎年夏になると、33℃を超える日を数えている與座《よざ》ヨシマサさん（59歳）。「寝苦しい夜が毎年多くなっている」と、気温の変化を肌で感じている。

今までは島を吹きぬける風で生活ができたが、暑い日が今後もつづけば冷房使用が増えると心配する。冷房使用などの人間の行為が気候変動を引きおこしているにもかかわらず、その行為を自分たちではコントロールすることができないでいる。それから脱するための出口がいまだに見えないと、この悪循環について危惧する声が多かった。

つながる陸と海

グリーン・ベルベットの放牧芝に覆われている黒島。島人より牛のほうが多い島である。昔はこの島から東南アジアまで魚を追いかけながら海を渡ったといわれている。

大型台風やサンゴ礁の白化現象以外に、動物行動でどのような変化が見られているのだろう。黒島研究所の話では、アカウミガメが２００６年に宮城県の浜に産卵のために上がったとのこと。産卵領域が北上している可能性があるが、それを裏づけるフィールドデータの収集が今後必要となるそうだ。迷いチョウのように迷いこんだとも考えられる。いずれにしろ減りつづける砂浜はウミガメの行動範囲にも影響を及ぼし、自然界における異変を引きおこしていると考えられる。原因はクモの巣のように複雑にからんでいるのは言うまでもないが、その糸のつながりを探求し、いかに因果関係を解明していくか。それはウミガメの研究をしている人だけでなく、由布島にあるチョウやイリオモテヤマネコの保護活動に関わっている人にとっても同じ課題である。

かつては石垣島でパイナップル工場が七つあり、収穫や加工のため台湾をはじめフィリピンや韓国

西表島で44年農業に携わる崎原さん

から４５００人の女性が季節労働者としてやって来て、石垣島は賑わっていた。今ではそれらの工場は生いしげった草とさびに包まれている。

「わたしは二期作をやるが、石垣では三期作もやる農家がある」と、西表島で農業を40年ほどしてきた崎原《さきはら》長洋《ちょうよう》さんは言う。

「年３回も同じ場所で米を繰りかえしつくって、土が飢えないのですか」と聞くと、「薬で無理に持たすということだろう」と教えてくれた。

その刹那《せつな》、新里さんの言葉が頭をよぎった。集約農業のひずみ。収量重視のため薬で持たせる農法。陸の人為的活動がさまざまな汚染物質を海に垂れながし、サンゴを弱めているのではなかろうか。弱っている生きものに大型台風のようなストレスが重なると、生きものの脆弱性を高める一方だ。オーストラリアのグレート・バリア・リーフよりサンゴの種類が豊富な八重山周辺の海。沖縄県文化環境部によると、約３６０種にものぼるそうである。

崎原さんの話に戻ろう。

品種を尋ねると、「ひとめぼれ」だと言われ、絶句した。冷害に強いということで長年の品種改良をへて、北国で誕生した品種をなぜわざわざ日本の最南端の島で植えるのだろうか。

「味がいいから。消費者は味にうるさくなってきた」と、気温より消費者を気にする崎原さん。10アール当たり450キログラムとれる西表島の「ひとめぼれ」を3年前からつくっている。私はてっきり「にこまる」（注3）のような高温障害に強い品種に出合えるとばかり思っていたのだが……。

進む「海の砂漠化」

崎原さんに話を聞く筆者

「海の森」「命のゆりかご」にたとえられるサンゴ礁。詩的な表現であり、かつ海の中での役割を視覚的に伝えてくれる言葉であるが、情を沸きたたせる表現より数字を用いた場合、サンゴ礁の果たす役割とはどのようなものか。約1万9321ヘクタール。これは日本列島の半分ほどの面積に値する。日本のサンゴ礁は年間16・7億ドルの利益を生みだすとH. Cesar, L. Burke, L. Pet-Soede らは算出する。

森々たる西表島に深々と雨が降る。雨の中を海に潜らなくてもサンゴ礁体験ができる「うみえー

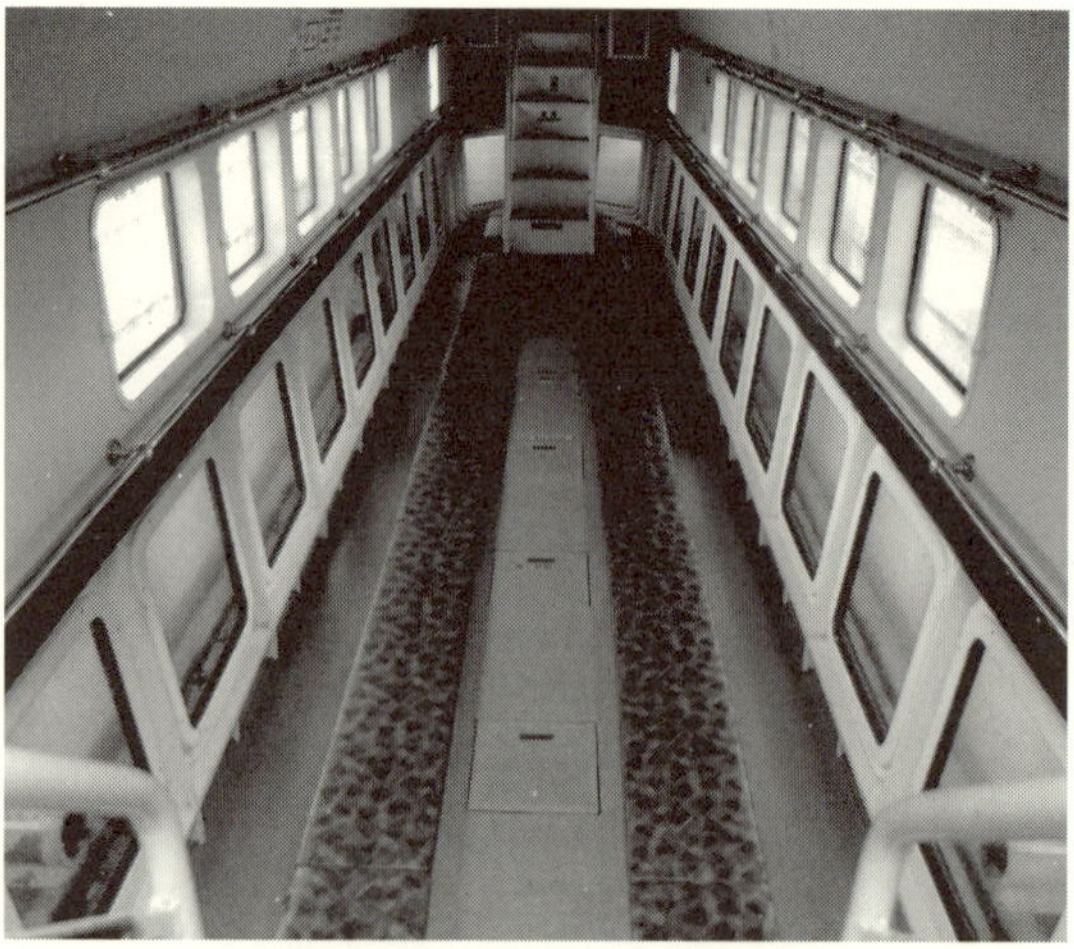

水中観光船「うみえーる」船内

る」という水中観光船に乗った。雨のためグレーに染まった海。ガイドブックに記載されているようなきらきらと鮮やかなイメージとは異なるが、ガラス張りになっている船の底から海中を眺めると、それなりの透明度を保っていた。おのずと白化したサンゴ礁が目に入ってくる。ガイドを務める山田清久さん（38歳）は海の現状をこう語る。

「この仕事を始めて10年になりますが、昔は30か所はサンゴ礁が見えるポイントがありました。それが去年の7月後半から8月前半に5か所のポイントが駄目になってしまいました。台風の影響もあると思いますが、私は温暖化の影響も大きいと思っています」

山田さんは「海の砂漠化」という言葉を口にする。「サンゴが死ねば、海藻類も死に、海藻が死ねば、魚にも影響が出ます。八重山周辺では海の砂漠化が進んでいるのです」

スケジュールの都合上、雨の日に水中観光をしたが、かえってよかったのかもしれない。海の中の荒廃をあまり見ずにすんだのだから……。

白化の現象をはじめ、気候変動と切り離すことのできない多くの命。それが宿命だと片づけてよいのか。限られた面積しかない島にいるほど陸と海の関係、人間活動と自然界との関係をより身近に感じる。相互の影響、お互いの脆弱性、もう限界だという悲鳴が海のかなたから聞こえるような気がした。

注1：サンゴの白化現象……サンゴは体内に光合成を行う藻類を共生させており、これがサンゴに色彩を与えている。だが海水温の上昇などのストレスがあると共生藻類が体内から抜けてしまうことがあり、進行すると石灰質でできたサンゴの骨格が目立ってくる。こうしたサンゴは白く見えることから白化現象と呼ばれる。白化が長くつづくと藻類がつくる栄養を受けとれず、サンゴは死んでしまう。1998年や2007年には大規模な白化現象が世界各地で発生し注目を集めた。

注2：世界自然保護基金（WWF：World Wide Fund for Nature）……自然保護を目的とした国際的な非政府組織（NGO）。1961年に、絶滅のおそれがある野生生物の保護を目的としてスイスで設立された。その後の活動は、国立公園の設立、熱帯雨林保護キャンペーン、海洋保護区の設立など多岐に及ぶ。

注3：にこまる……25ページ「にこまる」の注を参照。

日本海に押しよせる不協和音

能登の揚浜式製塩

山桜の淡いピンクが目に映る。２００８年４月19日、春が訪れた能登半島。

まず代かき準備をぼちぼち始める中間山地へと向かった。散った桜が棚田のあぜ道や用水路をモザイク風に覆う。柔らかい日差しの中、多少凍った感じの冷たい風が吹く。中間山地から浜へくだっていくと、棚田や森を通る冷たい風が多少重みのある塩風に変わっていくのがわかった。

８か月ぶりの能登半島珠洲《すず》市仁江《にえ》町。封建時代の魂が静かに漂っているかのような棚田や塩田の風景が広がる。日本の伝統的な塩づくりの元祖と呼ばれている揚浜《あげはま》式塩田（注１）。徳川のころから明治、大正そして昭和と時代の波に左右されながらも、現在まで独自のスタイルを崩さず揚浜式塩田を守り、受けついできた角花豊《かくはなゆたか》(60歳)さんにお話をうかがった。

「このごろ天気予報は全然当てにならない」

短パンに裸足で塩田を歩く角花さんは、背後に広がる海を見わたし、青空を見あげ、いらだちと不安が入りまじった表情で話しつづける。

「始めようと思っても、くるくる変わる天気がつづくから待つしかない。先が見えなくて、どうしようもない状態だ。まったく読めなくて……」と、不安が二重、三重に取りまき、その心中は私の心の深いところまで伝わってきた。

足の裏が感じとる異常気象

予測不能……とまでは言わないが、よくハズレルと言われている日本海の天気予報。かつてハズレがなかったとは言わないが、ひと昔まえはその確率は低く、夕方、布団に入るまえに天気予報を見て、それを参考にし、空と海に五感を傾けながら塩田に出ていたそうだ。その日その日の天気、季節の気候がつくりあげる風土で決まる揚浜式塩田。

「気候の規定」、それは風、日照、雨、空気・大気の湿度など。それらにより、つくりあげられる塩は、自然界の恵みによる人間の営みである。気候が読めなくなった昨今では人間がいかに自然のコントロールのもとで存在しているかを感じる。天気予報が当てにならなくなったのは、気候変動の影響かどうか定かではないが、自然との対話が難しくなったことは否定できない。

塩田での「社会変化」は、角花家の塩田活動が市の奥能登塩田村指定から県の無形民俗文化財となり、２００８年３月31日に国の重要無形民俗文化財となったことからもわかる。文化をつくり、その中にある思想も伝承していく棚田や塩田。それらをはじめとした農山漁村の風土の中に人間と自然界との関係性を認識し、評価するような社会になったことをやや感じる。

自然界あっての人間活動。現場の人間はその変化をさらっと話すのだが、言葉の端々に不安がうかがわれる。気候変動……自然界と対峙《たいじ》する人間とは切っても切りはなせない言葉。ずばり、気候変動は塩づくり職人の悩みの種である。４日間好天がつづけば質のいい塩がつくれると角花さんは言う。しか

塩田で作業をする角花さん

し、くるくる変わる気候では製塩は困難になる。塩田に立ち、異常気象を足の裏で感じとる。

「科学的確実性」に支えられた「声」

角花家のように手で考え足で感じてきた第一次産業の現場の人びとの声を承認する声が、科学の現場からも聞こえてきた。長年培った勘による声と科学的な裏づけによる声、この両者が揃いはじめた。気候変動に関する政府間パネル第一次作業部会（ＩＰＣＣ　ＷＧ１）が２００７年２月にパリで行われた。１３０を超える国から参集した３７５０人の気候変動問題の専門家たちは、「ここ50年間に現出した温暖化や寒冷化現象は、ほとんど人為的起源である」と断言する。さらに、「気候システムの温暖化には疑う余地がない」「地球の自然環境（全大陸とほとんどの海洋）は、今まさに温暖化の影響を受けている」と承認会議でもって、世界に「声」を発した。

この「声」は90パーセントが「科学的確実性」という根拠に支えられている。これまでの何億年かの地球の歴史の中で、とくに18世紀以降（これは私見）、人為的な活動が地球環境をおしはかれないほどの速度で変えている。このことを、「科学的確実性」を根拠にＩＰＣＣに参加した専門家たちは声高に主張する。

「いったいなにが起きているのだろうか」

原因不明の現象など、多くの謎を解こうとしている現場の人びと、研究者、行政の輪の広がりやつながりを最近では感じるようになった。それほどまでに問題は深刻化しているといえるだろう。しかし、中央から離れれば離れるほど、ローカルな現象やその原因追及・解答・対策を国レベルの扱いにするのに年月がかかるというのは地方に見られがちなことである。せっかく人びとの意識が高まっているのに、すぐに対処法を講じることができないのはなんとも皮肉なことである。そんなことを思いながら能登半島からゆらゆらと丹後半島、島根半島へと向かった。

定説がくずれゆく

2007年5月11日、まだ春の余韻を残す島根半島恵雲《えとも》漁港。そこで定置網漁船「第一幸丸」に乗りこんだ。恵雲の定置網漁は、厳冬期は休漁するが、3〜12月まで行われている。「定置の網あげはクラゲ次第」というのが、ここ3年ほどの恵雲漁港の合言葉である。

船員のひとりが言う。

「大型クラゲは、ここからちょっと南の出雲大社方面の定置にあがる時期がもっとも量が多い。全体的に言って、ここ恵雲漁港周辺はミズクラゲが多いかな。ミズクラゲっていうのは、大型クラゲと違って茶碗サイズ」

金平屋（屋号）の定置網漁では、一年中、沖へ出ていくたびにその日の「各種クラゲの出具合を待つ」と言う。

ミズクラゲ（注2）は日本の海域内で発生すると見なされている。このクラゲの被害は、一定の漁場の「地域規模の問題」、つまり全国規模にいたらない現象であるという見解を政府は示している。

島根半島で発生したミズクラゲ（写真提供：青山幸子さん）

「ミズクラゲ発生の原因はなんですか」と水産庁研究指導課に聞くと、その答えは「まだ不明です」とのこと。つづけて「現場では温暖化・気候変動が原因だと推測していますが、どうお考えですか」との問いには、「気候変動の影響は考えられないことではないですが、それを証明するためには科学的な原因追求がもっと必要に……先日、水産庁で気候変動関連の研修会を開き、幹部も参加して……いろいろ努力はしています」

「盆をすぎるとミズクラゲが出る」というのが、これまでの定説だった。「盆をすぎる」ころには陸の気温は下がりはじめるが、水温は上昇するので、暖かい海を好むミズクラゲの出番となるのである。そこでかつては「盆をすぎる」と海水浴場周辺ではミズクラゲ注意報を出していた。恵雲ではその程度だったのだが、「ミズクラゲの出現とお盆の関係」にズレが生じるようになった。またそれはミズクラゲに限ったことではない。漁業現場で働く人びとは、海の季節感のずれを肌でひしひしと感じている。

桜散るころ聞こえる悲痛な叫び

２００８年４月19日、珠洲市では柔らかい潮風が吹く。広がる日本海と青空には淡いピンクの花びらがあたり一面に舞いちる。

海人がぽつりとつぶやく。

「季節の移りかわりを定置に入る魚で感じてきたが、最近それが読めなくなった。たとえば、春だと桜マス（注３）だった。点々と桜が咲き、散っていくころに、この辺の定置にちらほら入った。ほかでは本マスと呼ぶが、桜とともに現れる、去るということで、海からの春の知らせのような存在だった。暖かくなったせいかどうかわからないが、昔と比べたら海の季節が変わってきた」

水揚げ時期の変化や、網からあがる魚類の変化には、「太平洋の魚が、日本海側にあがるようになって、その処理に頭をかかえている」と言う。そうしたことを、短いフレーズで語る海の常民（注４）たちの声が、じわじわ聞こえてきた。

桜散るころ、海から伝わってくる悲痛な叫び。これを私たちは無視できるのだろうか。

注1：揚浜式塩田……海から直接海水を引きいれず、なんらかの方法で海水を引きあげる必要のある塩田。能登で伝統的に行われてきた揚浜式製塩では、人の手でくみ上げた海水を塩田に散布する。海岸に隣接し、潮の干満を利用して海水を引きこむ塩田のことを入浜式という。

注2：ミズクラゲ……クラゲの一種。温帯から熱帯にかけて広く分布し、日本近海でもよく見られ、大発生することもしばしばある。本文にもあるとおり小型のクラゲ。

注3：桜マス……サクラマスはマスの一種で、サケと同じく海へ下り、産卵のときに川を遡上する。海へ出ず川に残る個体はヤマメと呼ばれる。

注4：常民……民族学でいう一般の民。庶民。もともとは民俗学者の柳田國男が用いた語。

幽玄の景をつくる苔に変化が

京都——何度聞いてもこの言葉の響きには余韻が残る。現風景の中に古代からの姿が幾重にも重なって浮かびあがる。住む人、訪れる人、それぞれに京都像を持ち、古いものを保全しながら、外から流れこんでくるものを取りいれ、独自の香りを秘めている。

つねに変化を感じる京都。初来日した時は関西で暮らした。週末になるとホームステイ先の大阪から京都へはよく行ったものだ。あれから26年が経ち、日本での滞在期間は20年ほどになる。その間、京都へは１００回以上訪れただろうか。

そこで魅せられつづけたものは、風土である。穏やかな山並みに囲まれた盆地、この自然環境から生まれ、創りあげられた街にはなぜか惹きつけられる。やさしい風景の中に原色のような鮮烈な余韻が編みこまれているように感じる。とくに季節の変わり目にはそう思う。湿度の高い大気が盆地を覆い、気温の変化に区切りをつけているかのように感じる。やさしさの中に、ある種の激しさが微妙に、かつ潜在的に漂っている。

人間の手が入った自然、街並みとの関わり。ときには計算しつくした上で手を入れることにより、自然の要素を活かしながら自然を創りあげていく。自然界と人間社会の絆と歪み……一見矛盾しているようだが、自然界との相互関係の原点はそこにあるともいえる。

人間はどこまで自然界に立ちいっていいのか、自然界と人間との共存や共生について考えさせられる舞台、京都で言えば、それが庭である。

――少なくとも大陸で生まれ育った西洋人の私はそう思う。初めて日本庭園を目にした時、その自然観にショックを受けた。それまで常識、正しいとばかり思っていた自然観とは違うものにぶつかったからである。自然観をつくるのは少しずつ変化しながら脈々と受けつがれてきた人間と自然界との関わりと、そこから生じる自然界への姿勢である。

キリスト教の思想が底流にあるものもあれば、神道や仏教の思想が同じように流れているものもある。日本庭園を見て、人間社会の共通であると思っていた自然観に深い溝を感じ、その時のショックは今でも忘れられない。

庭が黒ずんでいく謎

庭の移りかわりに、毎日目を向ける平木信行さん（52歳）。日々の微かな変化が積みかさなり、毎年大きな変身を遂げていると、天龍寺（注1）の庭師である平木さんは語る。２００８年3月21日、天龍寺大本山を見わたしながら、昭和初期ごろの庭のモノクロ写真を手にして現代の庭とを比較する。

まず赤松の変化を口にした。すなわち、松食いのことである。どこまでも枯れていく松。庭内で元気な松の姿が消えていく中、それに歯止めをかけようとする、いや、そうしようと努力してきた平木さん。

最初は薬の力に頼ったが、一時的で表面的な効果しかなく、結局枯れゆく状況を防げずにいた。そ

庭の原型づくりは土壌管理からと、土づくりに励む平木さん

こで木の生命を支える根や土壌へ一層の手間をかけた。そうして薬を使わない庭へと転換していったのである。

平木さんは約30年この庭で働いてきた。先代・曽根三郎さんの急死により40代の入り口で、世界遺産である天龍寺の庭園の責任庭師となった。

「庭を見る目が成熟していくにつれ、ほかに気になるところは」と聞くと、「苔」と即答だった。

ここ5年のあいだ苔が病んできて、１００種類の苔が生存する天龍寺の庭園が黒ずんできたそうだ。その原因を探るうち、京都大学大学院で苔研究に没頭する大石善隆さん（29歳）と出会う。

庭師として頂点に立つ平木さんが自分より20歳も年下の研究者の声に謙虚に耳を傾ける。現場と学問、自然現象を追究する絶好のパートナーシップ。2人の出会いは、平木さんが京都市内にある世界遺産指定を受けた社寺林の苔状態調査を申し込んだことにある。

苔の変身による影響

「小さいものが好き」というところから苔探究の道に入門した大石さん。生物学的に苔が持つ特有の性質に魅了され、苔世界の奥へ奥へと突き進んできた。

苔の変身には三つの規模《スケール》で原因が考えられると大石さんは論じる。ひとつは庭園規模で起こる問題。庭園の管理に関わるもので、樹木の生長や草の侵入、落ち葉の蓄積など、あくまで苔の視点から見て「不適切な」管理。つぎに都市規模での問題で、ヒートアイランド現象（注２）による生育環境の悪化が気になると言う。最後に、衰退・荒廃の原因は地球温暖化による影響の可能性もあるかもしれない、と語る。

京都は、苔に覆われた庭には最適な気候である。しかし、郊外から中心部へと高層ビルやアスファルトなど人工物の密度が高くなるため、苔が好む霧の発生率は年々下がっているという。１９３１年、京都の中心部では霧の日は１００日だったが、１９６０年には60日まで下がり、今ではほぼゼロである。

かつて京都市では、桂垣《かつらがき》（生垣）に霧がかかる光景は格好の被写体でもあったが、今では過

苔研究に余念がない大石さん

ウマスギゴケ

去の風景となった。大石さんはそれに手を打とうと必死に研究を進めている。失って初めてその価値に気づき、わかるというのが人間の性《さが》かもしれないが、苔をはじめ自然がつくりあげてきた風景を守っていきたいと話す。自然から得られる多様な効果に、人間は認識や意識を向上させていくことができるのであろうか。

　苔は経済的効果だけでなく、精神的効果ももたらす。平木さんによれば、苔のある庭園では、ある緊張感の中で、落ちつきや安らぎが精神の奥深くまで染みわたっていく。日本庭園にはストーリーがあり、物語が何層にも包まれているので、それが今も昔も国籍を問わず訪れる人すべての精神に届けられるのだと言う。

日本庭園のルーツや時代の移りかわりによる庭園への影響について話す平木さんの底流には、未来へ向けた静かだが熱いものが感じられる。

失われつつある苔の精神文化

平木さんの言葉に大石さんの庭園文化論を加えると、侘び寂や、日本文化の死生観を表す植物として重要なのは、桜と苔だそうだ。散っていく桜と隠者を思い浮かばせる苔。苔が風景の中から姿を消していけば、季語としての苔、文学の中の苔など、苔が無言のうちにつくりあげた精神文化も原風景と同様に、過去のものとなっていくのだろう。気候変動に伴う精神面への影響や、身の回りにあった自然を賛美する伝統・文化も、どのように影響を受けていくのだろうか。

苔にはほかに、庭園を美しく飾る効果もあれば、水分をたくわえる役割をはたしている苔もある。のっぺりとした空間しか造りだせない芝生。そこへ苔が加わると立体的な空間になる。そして石と木のあいだを覆っている苔は繊細なモザイク模様を生み、さりげない自然の美のもとともなる。苔の透き通った緑。苔の葉の厚みは細胞ひとつぶんしかなく、光を通しやすい。苔の緑は木や草に比べて透明度が高いのである。それだけに苔の葉の細胞が大気にさらされる割合も高いので、苔は公害や大気の変化などに敏感に反応する。つまり、苔は指標種（注3）で影響を受けやすいということである。だからと言ってヒートアイランド現象や地球温暖化の影響

苔が美しい大本山天龍寺

を受けている……とまでは断言できないが、その可能性はおおいに考えられる、と大石さんは言う。

「ヒートアイランド現象とは、都市とその近郊で観察されるごく限られた場の気温の変化ですが、地球温暖化は、地球規模で観察される非常に広範囲の気温の変化です。都市部の苔は、この2つの気温の変化の影響を受けていると考えられます。そのため、たとえ気温の変化によって、京都市の庭園の苔の生育が悪化しているとしても、それが『地球温暖化の影響である』とは断言できないのです」と慎重に話す大石さん。なんでもかんでも温暖化だと安易に片づけようとする世論の声から距離を置く姿勢のようである。

注1：天龍寺……京都嵐山にある臨済宗の寺院。後醍醐天皇の菩提を弔うため、夢窓疎石の進言により足利尊氏が創設した。京都五山第一位とされる格式の高い禅寺。

注2：ヒートアイランド現象……都市部の気温がその周辺に比べて高くなる現象。人間生活が環境に変化をもたらす例のひとつ。都市では人間活動による排熱が多く、地上を覆うコンクリートやアスファルトが熱をためやすい性質のため、日中にたまった熱が放出されて朝晩の気温が下がりにくくなる。地球規模の温暖化と似た部分もあるが、地球規模では昼夜を問わずすべての時間帯で気温が上昇している。

注3：指標種……環境変化などを知るため、生息条件が限られ環境の変化を受けやすい生物を利用することがあり、その生物を「環境指標種」あるいは単に「指標種」と呼ぶ。環境省が実施する自然環境保全基礎調査でも「環境指標種調査」が行われている。これは別名「身近な生きもの調査」と呼ばれ、一般ボランティアからの情報提供をもとに調査結果をまとめている。

著者が住む、愛すべき「ぼろ家」

身近な生きものが変える意識

空梅雨《からつゆ》と言われた２００８年の梅雨が７月19日午前11時に明けたと、ラジオから流れる天気予報を聞きながら曇り空がつづく仙台市内を車で走っていた。しかしその直後、小雨がぱらぱら降りだした。

１か月ぶりに宮城県大崎市（旧松山町）の土壁の家に寄る。２００１年から借りている、愛すべき「ぼろ家」だ。毎年、梅雨時になると畳の部屋はカビ臭さが重く漂うのだが、気のせいか今年は湿度をほとんど感じなく、カラッとした空気である。夜窓から入ってくる風は心地よく肌をなでる。

冷房のない土壁の家では、昨年（２００７年）の夏、ひどく寝苦しい夜がつづいたため、仕方がなく昭和時代の扇風機を取りだして初めて使ったが、基本的には冷房のない生活を送っている。

なぜ冷房を入れないのかというと、私生活の中でできる温室効果ガス削減だからだとカッコよく言いたいところだが、恥ずかしながら結果的にそうなっただけのこと。「自然型冷房」が十分に効いているから「人工型冷房」が不要というのが第一の理由である。また、「冷房を入れる＝窓を閉める」ことによって、家の周囲にある自然とのあいだに壁が生じるような気がして好まないというのもある。

五感を自然界へ傾けるために緑に囲まれた田舎の家を探し、うってつけの住まいを手にすることができた。それなのに冷房を入れていたら、その優雅な環境にまるで目を向けず、耳をふさいでいるかのような生活になってしまう。それでは、せっかくの田舎暮らしが無になってしまう。

耳を傾け、目を向けた先には

人間社会がつくる自然界との壁をできるだけ取りはらい、留まる自然の声に耳を傾けたい。風通しのよい土壁の家に身を置くと、季節ごとの風の変化が耳から身体へ注がれていく。大崎平野を荒れくるう風もあれば、蜂蜜のように粘りつく甘ったるい真夏の風もあり、風や雨の重さや軽さ、それらがあたる角度にいたるまで、さまざまな気づきから、私は季節の移りかわりや自然界の玄関から入ってくる自然の声を聞きとれるようになった。

初めて耳に注がれてきたのはウグイスの合唱だった。つぎつぎと聞こえる声の中に、日々の時間の流れや自然の時間軸があるように感じた。夜が深まるほどに余韻を増すウシガエルの声。瓦の隙間からは屋根を歩く夜行動物の足音がもれてくる。床の下ではタヌキが居心地よさそうにいびきをかいているし、たそがれ時のカエルと小鳥のコーラスは見事である。春から夏へ移りかわる自然の声は層を成し、声の主への興味をかきたてられる。

人間社会を重視してきた私が、それまであまり見向きもしなかった小さな生きものの声に惹かれ、目を向けた。昆虫の歩き方に注目してみると、人間の気配を感じた時の動き方や気ままなる自分流の動き方、風や日光に合わせた行動の変化など。それらが少しずつ目に入ってくるようになった。つまり耳を傾けることによって、周囲の自然界へ向ける目も変わってきたのである。

「セミのぬけがら」から環境を考える

日本自然保護協会（NACS-J）（注1）は「日常的な場所での体験を通して知る地球環境」を理念に、日本各地に暮らす市民と共同で「自然しらべ」を行っている。今年で13年目を迎えた。「川の自然を見てみよう」からスタートした市民参加型の全国一斉自然観察企画。これまでに4万9090人が参加したと、担当の芝小路晴子さんが企画について語ってくれた。

セミのぬけがらを調べる子どもたち
（写真提供：日本自然保護協会）

初年度（1995年度）のテーマを「川」にした時、ちょうど長良川河口堰の運用が始まった。それで市民参加型のフィールド観察をすることによって、市民が持つ川そのものや川を囲む自然などへの関心が高まり、環境意識の向上につながると考えた。そして年齢を問わずだれもが参加できるような独自の観察マニュアルを作成し実行した。

次年度には、生物多様性国家戦略（注2）のスタートに合わせて、前年の川とのつながりから「海・湖沼」をテーマにした。愛知万博の名古屋開催が決定した3年目のテーマは「里山」に決めた。継続は力なりという考え方から、5年ごとにプロジェクトの原点である「川」をテーマにすることにした。外来生物法（注3）の検討が行われた2003年度にはテーマの転換が見られ、川・海・里山という環境を意識した内容から、「カメ」「カタツムリ」「バッタ」などの特定の生きものへと広がりをみせる。

そして2007年度は、気候変動に関する政府間パネル（IPCC）第4次評価報告書が世に問われる年であった。それと国内で行われた生物多様性国家戦略の検討との結びつき（と私は解釈する）から、気候変動と生物多様性をテーマに「セミのぬけがら」調査が全国の市民とともに行われた。小さな生きものから自然界へとより深く入り、ミクロの世界からマクロ規模である地球の環境をともに考える「自然しらべ」へと発展していく。

多面的要素を持つ「自然しらべ」。北海道から南西諸島にかけて1万9871人もの個人・団体の参加者が、1万8570個のセミのぬけがらを集めた。

セミに着目した理由

1995年に行われた「環境省・第5回緑の国勢調査『身近な生き物調査』」の調査てびきを参考にして作成された独自の観察マニュアル。それに沿って観察記録とフィルムのケースなどに入れたぬけがらを郵送してもらう。その中には「日本しぜんほごきょう会のた（「た」の上に×が書いてある）かたへぼくの見つけたぬけがらです。しらべてください」「パパとおばあちゃんと庭の掃除をしていて、切った枝にくっついてた」といった手紙が添えられていることもあった。これらの手紙からは、市民たちの自然環境意識の向上が家族間の会話をうながし、送られてきたぬけがらには子どもたちの夢が託され、若者育成につながっていることが伝わってくる。

参加者の中に、学術協力者の槐《えんじゅ》真史《まさし》さん（厚木市郷土資料館）がいた。槐さんはセミの種類の確認とデータ集計・解析などを一手に引きうけていた。本職のアフターファイブに1個1個セミのぬけがらをこつこつと調べ記録を残す。その静かなる熱意とひたむきな姿勢に私は言葉が出なかった。

ふと、なぜセミなのかと思い尋ねてみた。すると、まず日本列島「北」にも「南」にも、生息するから。それから市民参加型の企画を実現するためには、素人調査の強みや弱みを考慮しないといけない。つまり比較的容易に見つけられて、なおかつ種類が見分けやすい生きものであることが大切だと言う。「ここだ！　ほら見て、見て……」と発見やその瞬間の興奮が日常生活のすぐそばにある、その生きもののひとつがセミである。

夏の日本列島に響きわたるセミの声。暮らしのほとんどは地面の下、土の中だ。わずかな時間だけ地上に現れ、必死に交尾相手を求め、ぬけがらを残してこの世を去る。長い孤独、短い愛、命のせつなさ、その普遍性はセミの世界にも存在する。

音が持つ潜在的な底力

皆さんをちょっとしたタイムトラベルへ誘《いざな》おう。北緯40度以北に生まれ育った私が日本で初めて経験したあの夏の日へ。湿度の多い気候に慣れず、風が吹かない夜はそれはもう寝苦しくて、ネグルシクテ。しかし、どろーっとした空気に包まれるたまらなさより、どうしても慣れなかったのは、息苦しい暑さを二重にも感じさせるザーザーという音――セミの鳴き声だった。

ともに暮らしていた日本人の家族全員がその鳴き声を賛美する姿に絶句した。気温が上がるほどにザーザー、ザーザーとボリュームアップする鳴き声にほっとするというのを不思議に思ったことを思いだす。あの時、異文化ショックというよりも理屈ぬきの心理的、かつ生理的な異文化の壁にぶつかる自分がいた。

自然環境が育む風土、その中で暮らす生きものが人間の生活文化をつくり支えていると思えるようになったのはここ最近のことである。国民共通の自然観をつくる素材として音は欠かせない。自然界から送られてくる目に見えない音は文化への潜在的な底力を持つ。

日本の夏に馴染んできたなと思えるようになったのは2003年、福岡市にいた時だった。朝のラッシュアワー時に車の音まで消してしまうほどの大音量でセミが鳴いていた。その中を歩いていて「ああ、夏真っ盛りだな」と思った時である。

そして今年の夏。セミの鳴き声の少なさにやや寂しさを覚えた。年月がかかったが、小さな生きものの声から気候のことまで考えられるようになったのだ、とは言いすぎだろうか。

機が熟してきた市民参加型調査

「なぜセミのぬけがらなのでしょうか」と、NACS-Jの芝小路さんにも質問をしてみた。日本列島の中で、市民に距離感がなく、文化的、心理的にも身近にいる生きものだからと、槐さんと同じような答えが返ってきた。芝小路さんは、それに加えて科学的根拠があると話す。「セミのぬけがらが、その土地の環境変化のバロメーター」で、集めたぬけがらから定着や分布の状況が見えてくると言う。

市民参加型の自然観察企画に取りくむ芝小路さん

しかし、日本列島を覆う環境の変化をたどるには、当然ながら比較データがなければ、変化について論じるのは時期尚早だ。その比較すべきデータは霞が関にあった。

生物多様性国家戦略づくりにおいて、今までなにをやってきたのか、今後どうすべきなのか。過去や未来への見直しが行われる中、過去の実績が浮かびあがってきたのである。

1995年に環境庁（現環境省）が「身近な生き物調査」を行っており、そのデータと今回の結果を比べてみた。そうしたところ環境の変化とはまだ断言できないが、クマゼミの分布の北限にあたる関東地方で、分布の微妙な広がりを示す観察記録が見つかったという。

「しかし」と、芝小路さんは注意を促す。分布の広がりやその原因が人為的なものなのか、ヒートアイランド現象の証しなのか、それとも気候変動なのかは定かではない。分布変化が起こりつつあるのかについても、その科学的根拠、裏づけを追究してみる必要があるのではなかろうか、ということぐらいしか言えないそうだ。市民から科学者へ渡された研究課題のひとつである。

NACS-Jは、市民参加型の調査から立案づくりにいたるまで、ここわずか十数年のあいだに市民運動の土台を精巧に築きあげた、なかなかの「環境黒幕（environmental producer）」である。多様性のある市民——高い意識・認識・行動力のある市民から潜在意識すら薄い市民まで——を動かし、その力をまとめ、行政、政界、教育界、民間企業、研究者などへとつなぐ実力組織だ。芝小路さんと話をしていると環境問題に関わっている人びとの取りくみなどが、良い意味で熟してきたと感じる。

小さな生きものが警鐘を鳴らす

7月19日に梅雨明け宣言を聞いた今年、ＮＡＣＳ－Ｊの企画を受けて全国各地で自主的にセミのぬけがら調査が行われた。それは国内だけにとどまらず、アジア大陸、ユーラシア大陸を渡り、英国にたどり着くと、こちらでも〝Save the Butterfly Week〟がスタートしていた。同じ日に日本ではセミのぬけがら、英国ではチョウ。どちらも身近にいる小さな生きものへ目を向け、気候変動と生物多様性への関心を若者に広げようと呼びかける国民の活動である。

40年を迎えるチョウ保護国の英国では、フィールド調査はおもに学芸員によって行われている。市民参加型のワークショップや市民によるチョウの観察を呼びかけるなど、市民とのパイプラインづくりに努めてきた。

最近では、気候変動と生物多様性の早期警告種（ある現象が起こり始めていると警告する動植物のこと）としてチョウが注目されていると、『Butterflies』の著者ポール・カークランド（注4）は次のように論じる。

英国の北部に位置するスコットランドでは、気候変動によるいくつかの現象が見られる。太陽の光を好むチョウ（gatekeeper と small skipper）が海岸沿いを北に移動し、やや涼しい生存地を好むチョウ（mountain ringlet）が山を登っているといった報告もあり、いわゆる生存分布に変化が見られる。より北へ、より高いところへと向かう分布シフト。小さな生きものが行動で示す気候変動に、われわれが目を向けられるかどうか……。

全国一斉カマキリ調査

梅雨が明けた日本の農山村では一斉に草刈りの時期に入る。空梅雨の草刈りは「音が違う」と、太平洋側に面した東北地方からも、日本海側に面した北陸地方からもそうした声が聞こえてきた。水分の多い草は刈る音だけでなく、機械から手へ伝わってくる振動にまで違いが表れると言う人もしばしばいる。堆肥づくりの現場からは「水不足によって肥えた堆肥づくりに必要な虫が減った」という声も上がっているくらいだから、虫にも変化が表れているのだ。

2008年の「自然しらべ」はカマキリ調査
（写真提供：日本自然保護協会）

今年は草の中の生きもの、具体的には草地、草原をすみかとするカマキリがNACS-Jのテーマとなった。高次捕食者（注5）であるカマキリは、草原に暮らす虫をおもなエサとしているため、カマキリを調べることで、環境との関係性が見えてくる可能性は高い。人間活動によりつぶされていく自然、あるいは気候変動と見られる現象による生息地の喪失。それらが生物多様性の低下を引きおこすと考えられる。

日本初の全国一斉カマキリ調査。ここから

どのような結果が得られるのだろうか。その先はまだ闇のようである。研究者も行政も挑戦していない市民参加型の「自然しらべ」。この企画をつくったNACS－Jの自然観察を追究する姿勢と実行力が、気候変動や生物多様性の喪失に歯止めをかけていると感じる。

注１：日本自然保護協会（NACS－J：The Nature Conservation Society of Japan）……生態系と生物多様性の保全を目的とする非政府組織／非営利団体。日本全国の自然環境を調査・研究するとともに、独立した立場から行政への政策提言を行う。『我が国における保護上重要な植物種の現状』（植物レッドデータブック、１９８９年）は活動成果のひとつ。

注２：生物多様性国家戦略……国際条約である生物多様性条約に基づいて日本政府が打ちだしたもの。生物多様性を保全し持続的に利用するための目標と取りくみを定めている。１９９５年に第一次戦略が決定された。２００９年現在は第三次戦略が最新（２００７年決定）。

注３：外来生物法……正式名「特定外来生物による生態系等に係る被害の防止に関する法律」、２００４年成立。

注４：ポール・カークランド（Paul Kirkland）……イギリスの蝶研究者。２００６年に *Butterflies*（ISBN 1-85397-446-8）を発表。とくにスコットランド地方の蝶の分布・生態に詳しく、*Butterfly Atlas of the Scottish Borders* という共著もある。イギリスの蝶保護協会（Butterfly Conservation）の上級スタッフとしても活動。

注５：高次捕食者……食物連鎖の頂点や、そこに近い位置にいる捕食者（動物）のこと。陸上の生物としてはライオン、トラ、熊類、猛禽類など、水にすむものではワニやサメなどがあげられる。また人間は地球の頂点にいる捕食者。

森と人とが一体になる

環境保全持続型林業に取りくんできた速水さん

墨絵の中へゆらりゆらりと旅をしている気分になる。柔らかい白雲や霧雨が山やまを包む。山道を浜辺のほうへ行ったりして歩き回っていると、雨がぱらぱらと降りだし、上がったかと思うと、またさらさらと降ってくる。天候が変わるたびに気分も変わる。

三重県津市から2時間弱のドライブ。自然が凝縮されたかのような多様な景色や風土が気分を高揚させ、同時にある種の「感覚的充足感」が内面に生じる。

たどり着いたのは、「尾鷲《おわせ》ヒノキの森」。日本で初めて森林管理協議会（ＦＳＣ）（注１）の森林認証を取得した大田賀山林である。西ではフランス革命が起きているころ、東では日本列島緑化運動が起こっていた。木を１本切るなら苗は千本植えるようにと、桑名藩（現・三重県）の松平定綱が森林管理問題の旗揚げをした。

1790年から受けつがれてきた速水林業。今の管理者である速水亨さん（55歳）は、未来への環境保全持続型林業の先駆者のひとりと言っても過言ではない。私は勝手に「森林創作者《フォレストクリエーター》兼演出家《プロデューサー》」と呼んでいる。速水さんは森林を単なる収奪対象とは考えていない。地下や地面、空にも関係した、時間軸や空間軸のある奥深い生態系として見ているようだ。

「科学から森林を見る」（注2）

これは速水さんがお父さんの勉さんから教わった言葉だそうだ。

勉さんは89歳の現在（2008年）でも山に通っている。森林に光を入れるのは勉さんの代から。それを未来へ受けついでいこうとしている。

北へ移動しつつある高木限界

三重県は温暖化をはじめとした、気候変動による現象を考察するには適切な場所だとは言えない。気候変動現象の「現場」と言えば、やはり「北限の極地」だろう。その地へ最後に向かった3年前のことを私は思いだしていた。

木のない地帯で過ごした晩夏と初秋。2005年の8月から約1か月間、カナダ極北地帯にあるヌナブト準州（注3）を訪れた。そこでは私を含めた3人でおよそ13の町村を回り、250人ほどのフィールドインタビューを行った。カナダの極北地帯に暮らす人びとが気候変動をはじめ環境の変化をどのように受けとめているか、それについて調査を行い、映像記録集をまとめるために出かけたのである。

ほかのメンバーと合流する前に、カナダ・オンタリオ州にある有機水銀汚染地帯へ足を運んだ。汚染された河川沿いの茂った針葉樹林にかこまれながら暮らすオジブワ族集落（注４）でひとまず調査を終えると、ひとりでさらに北へと向かい、極地の高木限界周辺（注５）を訪れた。

そこには木１本ない風景が３６０度、見わたす限り広がっていた。寂しさを感じるかと思いきや、緑のない風土のたくましさに熱く込みあげてくるものがあった。

ヌナブト準州でインタビューを行う著者

ヌナブト準州ハドソン湾沿いにあるアルビアト村に入った。そこで「高木限界のどこかで生まれた」と言う、自称漁師兼アーティストのマーク・イータクさん（当時56歳）に話をうかがった。高木限界は、アルビアトの南３００マイル（約４８３キロメートル）あたりにあり、彼はアルビアト村在住のイヌイットである。

「毎年４月に狩猟のために村の外に行くんだが、年々その時期が、早まってきたような気がする。

カレンダーに従って生活していないので、はっきりとはわからないんだが。これも気のせいかもしれないが、雪解けの時期が早まったような気がする」

移動の時期が変わって、高木限界が北へ移りつつあるのではないか、と彼は感じている。少し間をおいて、イータクさんは話をつづける。

「私にとって高木限界が北に移るのはありがたいことだよ。移動の距離が縮まるし、北にはもう少し木があってもいいと思っているからね。なんにせよ、私は高木限界地帯の人間だ。政府の命令で、今はたまたま木のない所に住んでいるけど、北の大地に木が生えるのは悪いことじゃない」

私はここで250人の声を聞いた。極北の住人たちは温暖化の影響を敏感に感じとっている。しかし、そのことでヒステリーを起こすような人はいない。高木限界ぎりぎりで暮らす村長や、老人、学生など30人は、イータクさんのような森林北緯支持者であることがわかり、そのことはとくに記憶に残った。

森と人とが一体になる

温暖化現象が「悪化」することによって開発可能性を謳う声もあれば、温暖化防止や森林保全の必要性を訴える声もある。「北方林保全に関する枠組み(Boreal Conservation Framework)」を支持・支援する50か国の1500人の科学者が、2007年5月、カナダ連邦政府に森林保全の必要性について文書で申し入れをした。

厳密に言えば、14億エーカー(約56億6580平方キロメートル)ある北半球の針葉樹林は二酸化炭素の吸収源として186億トンの炭素を持ち、それはおよそ27年間(カナダの排出速度や量計算ではこの数字になる)の化石燃料による二酸化炭素排出量と同量のものだといった内容である。

速水林業のヒノキ林で芽生えるシダ
（写真提供：速水林業）

現在カナダでは針葉樹林が生えているところはすべて保全地区にされ、吸収源という狭い領域の評価だけではなく、森林周辺に広がる湿原を含んだ多様性のある地帯としての面も強調する。各準州と州を覆うカナダの針葉樹林が持つ「生態学的保全性（ecological integrity）」を訴える。

豪雨と乾燥、両極端に動く気候

速水さんの森は、温暖化防止にひと役買い、生物多様性を生かすエコシステムであり、古《いにしえ》の文化を包んでくれる場でもある。毎年３２００トンもの二酸化炭素を吸収する森は約１０７０ヘクタールあり、針葉樹人工林が８１３ヘクタールで、そのうちの99%がヒノキだ。広葉樹林は２４９ヘクタールあり、残りは林道や木材を集める広場である。世界遺産に指定された熊野古道の一部も速水さんの森を通る。

大田賀山林内に建てられた、過去と未来が融合する「まちかど博物館」には、年数や汗を感じさせる林業の道具や真っ暗闇が重なっているかのように茂った森林の写真、つまり《林業＝収奪》でしかなかった時代の写真などが壁にかかっている。現代の林業の道具・機械、写真などデザインセンスが光る展示を見ながら速水さんから話を聞き、森林の玄関口へと案内される。

正午前の雨上がり。シダに覆われている森に蒸気をフワーッと漂わせる太陽が顔を出す。甘い香りが蒸気の中に土壌から舞いあがる。木が密集する森林の中には日光は15～20％くらいしか差しこまない。細い光線を浴びる下草。その中を歩きながら、熊野古道で気になる降水の話が頭の中をくるくると回る。

自然と地域との共生をはかり山造りを行ってきた速水林業
下草が豊かな100年の森が広がる

黒潮の道沿いにある熊野古道の降水量は、ほかでは類を見ないほどの多さである。1971年から2000年にかけての降水量データによれば、日本各地の平均は年間1600ミリメートルで、尾鷲でもっとも降った年は4000ミリメートルだった。

2004年9月29日には、一晩で谷ができたことがあった。その日の雨量は1000ミリメートル以上。じつは5年前には100年の森林が日照りつづきで一気に枯れたことがあった。森林管理者としては、乾燥はもちろん怖いが、住民社会を考えると豪雨のほうが怖い。極端に変化する降水量は気にかかる。

水をめぐる諸問題にどう対処するか

２００８年６月、気候変動に関する政府間パネル（ＩＰＣＣ）から「気候変動と水（Climate Change and Water）」というテクニカルペーパーが世に問われる。１９７０年代以降大雨の頻度が高まり、その一方で地球上の乾燥地帯と呼ばれている大地は2倍強に増えた。

降水量が変化し、大雨の現象がこのまま２１００年までつづくと、土壌浸食が起き、耕作力を低下させる。作物被害、水質低下、土砂崩れ、供水が多くなるなど、気候変動と水をめぐる確実性の高い諸問題が予想される。

同じ6月に地球温暖化影響・適応研究委員会報告書「気候変動への賢い適応」が環境省地球環境局から発表された。

初めに「我が国でも、既に気候変動の影響が現れている。とくに、今世紀に入って以降、影響は急速に現れつつある。（略）具体例として（略）ブナ等樹木の衰退や高山植物の減少（略）また、現時点で気候変動による影響とは断定できないが、記録的少雨による断水等の利水上の障害、台風による高潮被害や記録的豪雨による浸水被害等も生じている」とある。

さらに台風による被害、それに伴う豪雨、土砂災害、浸水・洪水被害の増加、水温・降水量・時期・積雪量の変化など、ありとあらゆる問題が生じると詳細に述べられている。

日本列島を覆う大雨洪水警報が連続して発表された２００８年の夏。１時間あたりの降水量の新たな記録が出た。他方、節水文化圏の香川をはじめ四国全域では、干ばつによる断水を恐れる日々。

科学者が紙の上で書きつづけている見解が、われわれ市民の目の前に文字どおり現れはじめている。だが、それらの現象に対する政策は現実的にはやや見づらいところがあるように感じる。むろんこれらは日本のみに限ったことではないが、永田町の落ち着かない状況、政治意志（political will）の弱さは気にかかるところである。世界をリードする気候科学者が多くいる日本で、残念な政界現象だ。

徹底したウッドマイレージとトレーサビリティ

三重県立熊野古道センター
尾鷲ヒノキや熊野スギなど地域林が
ふんだんに使われている

速水さんが取りくむ木材の地産地消やトレーサビリティ（生産地履歴）。これらの言葉から食を連想する人も少なくないだろう。自給率が低いのにも関わらず、飽食社会の色合いが濃い日本。消費者の食の安全に対する欲求が高いにも関わらず、その裏に見える国産支持率の低さ、輸入依存度の高さ、残飯の多さなど。こうした矛盾を感じているのは私だけかもしれないが、個人的な感想はさておき、二酸化炭素排出量を測り削減に努めようとするフードマイレージ（地産地消を進める手だて）、食生産トレーサビリティは不可欠なものだと考える。

今、速水林業を中心に徹底したウッドマイレージと木のトレーサビリティが尾鷲で始まっている。三重県には接着剤を一滴も使用していない建物があるのをご存知だろうか。それは熊野古道の自然・歴史・文化を紹介する県立熊野古道センターである。

このセンターはおもに樹齢60〜80年の尾鷲ヒノキを6549本使った、それは素晴らしい建物だ。これらの木を育てた世代の魂がひとつになって現れたのである。芸術としての自然（Nature as Art）、自然と人間が一体となる（Nature and People as One）感動をこの地で味わうことができた。

交流棟中央にある組壁には、
使われた木材の産地が記されている

そして、これを実行した「森林創作者《フォレストクリエーター》兼演出家《プロデューサー》」の速水さんや、1本1本木を大事に育ててきた協力者のことを思うと、人間が持つ可能性や底力の偉大さに感銘を受ける。訪れる際、立ちさる際、内側を良い意味での「感覚過負荷」にしてくれた熊野古道であった。

注1：森林管理協議会（FSC：Forest Stewardship Council）……独立した第三者機関として、森林管理が自然保護の目的に適い、経済的に継続可能なものであるかどうかを評価し、認証を行う非政府・非営利の協議会。全世界の森林を審査対象とする。1993年設立。2009年2月までに日本国内で認証済みの管理団体は27、森林面積は28万2982ヘクタール。尾鷲市は2003年6月に認証を受けている。

注2：「科学から森林を見る」……この表現について速水さんからいただいたコメントをそのまま掲載する――「林業は木という生きものの集まりである森林を管理し、事業として経済活動に変えていくものである。そこには生物学や生態学を知った上で森林を扱っていく必要がある。とくに樹木の生長は太陽からの光、雨の水、土壌の養分が影響し合って成長していく。その3つの要素の中で、林業が関与できる要素はほとんどが光の管理となる。生物である樹木を成長させるため森林に光を入れて、生産を目標とするヒノキやスギだけでなく、下草やあいだに生えてくる広葉樹に届け、腐葉土が地表を覆う豊かな土壌に変えていく。すると土壌は団粒構造となり、雨の水はまず腐葉土の層で捉えられ、団粒の隙間を通り地下水となっていく。森に光を入れることで3つの要素を高めることができる。」

注3：ヌナブト準州……1999年4月1日に誕生したカナダの準州。2006年の調査では総人口2万9325人、うちイヌイットが2万4635人と最多。

注4：オジブワ族……アメリカ先住民の部族のひとつ。

注5：高木限界……高木（あるいは喬木《きょうぼく》）とは、通常2メートル前後に成長し、幹をつくる種を指す。気温などの理由により高木が生育できなくなる限界ラインのことを高木（喬木）限界と呼ぶ。本文で語られているのは、高緯度地域（カナダ極北地帯）の大規模な例。日本では山の斜面などで、おもに標高差が原因となった例を確認できる。

リンゴ生産農家が感じる季節のズレ

リンゴ園が点在する福島県下郷町

空が降りてくるかのような東北の秋の空。とくに雨の日には一層重たく感じる。冷たい雨の中に、もう少し先にある季節の曲がり角で雪が待っているのを感じるからだ。春までの月日を数えながら、季節の移りかわりに感じる切なさや冬の重みが心の内側へ流れこむ。

同時に、複数の農産物の収穫の香りが秋の雨に混ざり、甘酸っぱい香りが立ちこめる。それだけでご馳走を味わった気分になる。そして、その秋の香りの中で、収穫したばかりの果物をほおばっていた子どものころの記憶が、たくさんの思い出の中から湧きでてきた。

野生リンゴ（crab apple）、木苺、チョークチェリーなど、北米の平原地帯でできる寒冷地ならではの小さいが濃い味わいの実がなる果樹が庭にあった。晩秋には落ち葉や落ちた野生リンゴなどいくつもの匂いが辺り一面に漂う。台所からはじっくり煮つめられた野生リンゴとシナモンの香りが。それに期待を膨らませながら、私たち5人の兄弟は母が聞かせてくれる物語に夢中になった。

着色障害のため売り物にならないリンゴも多い

リンゴの日焼け、着色障害

母の語り口調や笑い声を思いだささせてくれたのは、リンゴの香りに包まれた福島県下郷町だ。私は2005年から毎年この地で秋を迎えている。山々に囲まれた下郷町落合集落は盆地のような山村である。

朝晩の気温に幅があり、果樹栽培に適した土地だ。山が風景を縁取っているかのようにそびえ立ち、その内側にそば畑や稲の刈りとりが終わった水田、ブドウ畑やリンゴ園が点在しているといった感じだ。ぶらぶら歩いていると、「リンゴ」と赤いマーカーで書かれた看板を道沿いで見つけた。

手書き看板とリンゴの香りに誘われて寄ってみると、直売を中心にしている星農園があった。農園の中へ入ると、赤いジャージにグレーの手編み帽、首には黄色いスカーフを巻き、黄色い長靴を履いて、竹かごを背負った星タカコさんが、梯子に上ってリンゴの収穫をしていた。

最近目につく現象に、リンゴの「日焼け」、いわゆる着色障害がある。着色障害とは、着色期に高温がつづくと斑点がぽつぽつできること。商品として売るためには見た目も大切である。いかに「きれいなもの」を市場に流せるか、統一感を出せるかが生産現場の勝負どころのひとつでもある。吹きつけ塗装のように見える日本のリンゴには、人間のコントロールの効かない着色障害は悩ましいものがある。

10年ほど前、佐渡島の真野町でリンゴ農家に滞在し、収穫を準備から体験学習したことがある。日本海を眺められる丘の上のリンゴ園で、農家の人が持ってきたラジオから流れるＮＨＫ放送を聴きながら、一個一個リンゴを回す作業に努めた。回す角度は、リンゴにまんべんなく光があたるように計算されたものだった。このいわゆる単純労働は安易なものではなく、長年の経験にもとづいた勘が必要である。太陽と風がリンゴに与えるその日の影響を毎日計算し、朝から日が暮れるまで、すべてのリンゴに神経を遣う知的労働だ。

こうした手仕事により、リンゴの色をコントロールするリンゴ栽培のプロといった果樹園農業者は各地に数多くいた。しかし気候が微妙に変化し、それまで読めていたものがだんだん読めなくなってきた。今、現場では徐々に不安が浸透しつつある。

北海道がリンゴの産地に!?

日本政府は、気候変動に関する政府間パネル（ＩＰＣＣ）の第４次評価報告書を受けて、雪国から亜熱帯地域まで、各都道府県の農業関連公立試験研究機関にアンケート調査を実施した。それによると、全都道府県で野菜・花きに９割、畜産で４割程度に、なんらかの形で地球温暖化が原因と考えられる影響が生じているという。

中には、「要通知」とされているミカン栽培への影響も見られる。広島県立総合技術研究所農業技術センター果樹研究部は、高温、多雨によってミカンの「浮皮症」が出ていると報告している。浮皮症とは果皮だけが成長し過ぎた結果、果皮と果肉のあいだが浮いて離れ、すり切れたように見える症状のことだ。

同センターの杉浦俊彦博士らは、２０６０年には現在リンゴ栽培に適していない北海道がもっとも適する

リンゴを収穫する星さん

産地になるのではないかと推測する。同時に九州、四国、本州の日本海側の能登半島と瀬戸内海側からはリンゴ栽培は消える可能性もあると指摘する。

2007年の秋、小雨が降ったり止んだりしている下郷町落合集落で、ラジオを流しながら摘みとったばかりのリンゴを選別する星さん。冬場の作業についてとつとつと語り、選別したリンゴをひとつひとつ古紙で包み箱に入れていく。

星農園は手書き張り紙主義の販売所。壁には「試食の順序リンゴからブドウへ」「リンゴはひめかみになりました」「リンゴ栽培品種〈9月〉つがる、ひめかみ、千秋〈10月〉やたか（早生フジ）」と張ってある。星さんは、リンゴとブドウの旬がズレ始めていると感じている。生産現場はこうしたズレに敏感だ。だが果たして、旬が変わるということを消費者も実感し、問題意識を持っているのであろうか……。星さんは季節感や旬のものへの感覚が薄れてしまった日本の社会についても気になるようだ。

食卓に旬を取りもどすには

栽培産地も変われば、果樹の旬も変わる。いや、すでに変わってきている。花が咲く時期から実のなる時期、爛熟期《らんじゅく》が変わるなど連続して起こる現象にブレーキは効かない。旬に対して鈍感になった今、変化の兆しが見えはじめそれに予防策を打ちだしていかなければならないが、市民の意識・消費者の認識はついてきているのだろうか。

かつてはバナナがご馳走だった。また、季節ごとに食べられる、食べられないといった果物があり、そこには境界・季節・旬があった。いまやボーダレス化、自由化、グローバル化――ボーダレス化、自由化という言葉にはどうも馴染めないが――したとはいえ、その裏の重みある影を眺め、生産者の声に耳を傾けると、まだ境は存在し、脆弱性《ぜいじゃくせい》の高い地域ほど不自由している部分が目立つように思う。季節や旬がなくなったわけではないが、薄れてきたとはいえるであろう。旬を取りもどし、そうした認識をどのように向上していくかは社会全体の課題だと考える。

気候変動がどのようにわれわれの食卓に影響を及ぼすのか、旬の認識が高いほど市民レベルでの適応策と予防策も視野に入れて考えていく必要があるのではなかろうか。

当てにならない政策と消費者意識

「アディオス（さようなら）・アボカド」「しぼりつくされたブドウ業」「ナパ・ワインには幕が下りるか」など、近年このような新聞の見出しを目にするようになった。多年生植物がよく育つカリフォルニア州では、エネルギー不足、水不足、気温上昇による農業への打撃について真剣に考えはじめている。というよりも、数百万ドルの経済打撃が予測され、考えざるを得なくなったというのが正直なところだ。

カリフォルニア気候変動センターのリスク・アセスメント・レポートを見ると、２０７０～２０９９年のあいだに、やや控えめな予測のような気もするが、気温が１℃上昇しても５℃上昇しても、多年生の果樹が必要とするチル・アワー（冷気時間）が縮む。そのことによって、ブドウの質が落ちると報告されている。

また、品種改良を行ったところで、質の高いワインがナパ・バレーから消える可能性はなくならない。花が咲き授粉をして、実がなる。こうした自然のプロセスを踏まなければ商品にはならない。気温の異常による質や量への影響が予測されている。

２００８年９月、南限作物と北限作物の十字路のような果樹産地である山梨県の甲府市内にあるサクランボ農園を訪れた。そこでも「孫の時代にはここも柑橘類を中心とした果樹園になってしまうのではないか」とつぶやく農園のオーナーがいた。

「自然の移りかわりを受けて適応しなければいけない」「果樹の種が変わることに抵抗はない」という声は、北から南までこれまでもよく聞いてきた。だが、新たな木を植え、その新しい木と親しみ、実のある商品になるまでのあいだ、収入はゼロである。

厳しい環境に身をおく農家の人びとを支えるべき国の政策は不透明で、苦労して収穫した果物を消費者が買ってくれるという保証はどこにもない。国にも消費者にも頼ることができないとなると、どのような対応をしていけばよいのだろうか。答えを探りながらの日本列島の旅はつづく。

溶けゆく北の国ぐに

北海道・羅臼の漁船

「晴れた日には国後《くなしり》が見える」と言われたが、その日は重いグレーの霧がかった空が海を覆い、残念ながら見えなかった。

スケソウダラの資源が減る昨今。資源獲得のために、人間が自然界に引いた境界線を知床半島ではよりはっきりと感じる。資源獲得によって生計を成りたたせている北国の漁の環境に、どっしりと「境界生存」が覆いかぶさる。まるでこの日のどんよりとした空のようだ。

私が生まれ育ったカナダでは、国の総人口の８割が国境から１００キロメートル圏内に暮らしているといわれている。その関係だろうが、隣国であるアメリカの存在が日常の一部となっているため、私は島国日本に暮らす人びとの「国境意識」を薄く感じる。

だが、ここ知床半島の羅臼《らうす》では、晴れた日に外国が海の彼方に浮かびあがり、視覚から無意識に「国境意識」が刷りこまれていくのではないだろうか。その世界観は海岸から内陸へ目が向く常民とは違うように感じる。

「国境意識」についてぼんやり考えていると、スローモーションのように漁船が魚場へ入ってくるのが見えた。

初めてこの地を訪れたのは1995年2月、スケソウダラが旬の時期だった。その後4回、流氷季節の羅臼を訪ねているが、そのたびに文明、進歩、開発、発展というものが生んだ「ヒューマン・ジレンマ」を感じ、やや複雑な気持ちになった。

かつて木船の時代に不可能だった流氷の中の漁業は、科学技術の発展によって――「おかげ」だという声もあれば、「ため」という声、「せい」という声もあり、表現は難しい――可能になると同時に、人間と自然界との関係も変えた。

現代のスケソウダラ漁は流氷の時期も休まない

以前は知床半島に流氷が入ると、自然界が休漁宣言でもしたかのように、漁師たちは漁船を陸に上げて、ひと休みした。そのあいだ、海洋生態系はプランクトンなどの栄養分を蓄えていた。生命を吹きこむ時期でもあった。ところが、今は、休漁を呼びかける自然界の声が、人間社会に届かなくなったというか、聞こえなくなってしまったのである。

すでに沖へ出てから3時間が経つ。波に流される流氷とリズムを合わせるかのように漁船も、アップ・ダウンを繰りかえしながら動く。グレーの景色の中に、青、赤、黄色といった原色のカッパ姿の漁師が目立つ。気温零下15℃の中、流氷を割りながら網を上げる。スケソウダラは凍てついた空気にさらされた瞬間、身を濡らした塩水で凍ってしまう。

船外に目を向けると、流氷の上で気持ちよさそうに揺られながら寝転がっているトドのそばを通りかかった。その様子を眺めていると、流氷のあいだを優雅に泳ぐアザラシがいた極北地帯が脳裏に浮かんだ。

「南」にしのび寄る危機

2007年7月、「北西航路が開いた」という歴史的なニュースが極北から届いた。死を覚悟してお宝を手に入れようと極北からアジアへぬける北西航路に挑戦した探検家が、そのニュースを聞いたら複雑な思いをするだろう。彼らが眠っているであろうツンドラは、いまや溶けはじめている。遠くへ、さらに遠くへ、そして新たなものを発見しようとする人間の欲望は今もあの時代も変わらない。

北西航路「開路」を予期していたかどうかは定かではないが、ロシアは2006年の夏、極北地帯の海底に国旗を立てた。自然の境界があいまいになると、人間はそこに境界線を引きたがる。これも

カナダの極北地帯

必然の結果なのだろうか……。

人間の行為はさておいて、溶けゆく極北は自然界にとって、どのようなものだろうか。1枚のバニシング・シーアイス（vanishing seaice）（注1）の写真が強烈に語りかける。それはホッキョクグマ（注2）2頭が今にも沈みそうな氷山の上で、右往左往している光景である。

気候変動の影響がどこよりも早く現れる極北地帯。近年の氷解速度は保守的な予測を上回っている。グリーンランドを拠点とするデンマークの極北研究機関である国立宇宙研究所（National Space Institute）と、デンマーク技術大学（Technical University of Denmark）――北極地帯の研究機構と軍事関連省庁はデンマークにもカナダにもある。言うまでもないが未知のフロンティア、いわゆる未開拓地の科学研究と軍事考察は古今東西、密接な関係にある――によれば、2003~2007年の4年間、グリーンランドだけで1500億トンの氷が溶けたという。これはアルプス最大の氷河の5倍にもあたる量である。

北極圏気候影響評価（Arctic Climate Impact Assessment, ACIA：2004）（注3）によれば、1950年代からわずか50年のあいだに、極北地帯の夏期の海氷は50％消えたという。面積に換算すると、ドイツの約10倍、インドよりも若干大きいと表現したほうが想像しやすいかもしれない。

氷河を生息の場とするホッキョクグマに科学者やメディアが注目するのはわからないでもない。「ホッキョクグマを南極へ」という移住論者はいるが、ペンギンの賛同までは得られないだろう、なんて冗談を言っている場合ではない。

これ以上の北緯移動は不可能であり、すでに頭数は4分の1に減ったといわれている。頭数ばかりではなく、体重・体系にも変化が見られる。とくに、出産や子育て、餌獲りをするメスの生存率が低下してきたのである。

この「減少」現象を気にし始めたのがアメリカである。2007年3月にホッキョクグマを絶滅危惧種として認めるべきかどうか、初のアメリカ公聴会が開かれた。絶滅の危険を及ぼした温暖化の原因に言及したのもアメリカが初めてだった。

まだ検討中のようだが、「南」が極北地帯へ及ぼしつつある影響が、今後「南」へさまざまな形で逆流してくることを恐れて、北への関心がじわじわと表れたのであろう。

北への意識が高い北海道の人びとの視野や世界観をどのように「南日本」本州へと伝えていくか。北海道と本州のさまざまな問題を単に隔たる距離のせいにするのではなく、アイヌ文化との接点以来、根の深い世界観、自然観、交流範囲の相違から生じたととらえるべき点もある。このままにしておけ

グリス・フィヨルド

ないのは言わずもがなだ。

日本を今後どのように築いていくかという考えが、気候変動対策には必要なのである。生存の危機にさらされているホッキョクグマの生息地と人間のコミュニティーには、さほど違いはないのではないか。

氷解による環境難民

氷解が進行するにつれ、環境難民が現れるアラスカ州。夏の海氷が溶けるほど、沿岸侵食が進む。「氷の毛布」がなくなり、裸のようになった海では、嵐に絶えることができないという。アメリカ政府がつくった300万ドルの防潮堤《seawall》も役に立たない状況だ。波を防ぐことより、原因と考えられる温暖化防止へ策を講じないアメリカのやり方に、人間の限界を感じずにはいられない。

2007年9月、かつて写真家の星野道夫さんが過ごしたシシュマレフ村の住民が、そこを去る決心をした。温暖化によって環境難民になったのである。

二十一世紀の極北地帯では温暖化による人の移動あるいは移住、資源争いの地となる可能性がすでにちらちらと見えはじめている。カナダの最北端の村グリス・フィヨルド（注4）へ行けば、そのルーツは冷戦時代にあったことがわかる。

第二次世界大戦後、冷戦時代の幕が開いた極北地帯。カナダ極北地帯の隣国は旧ソ連だった。侵略の脅威が実際どれくらいあったか定かではないが、表出しない主権問題の関係で、南に暮らしていたイヌイットを北極圏に、旧ソ連との国境に一番近い土地に住まわせた。ある意味で１９５０年代の環境政治亡命者はすでにカナダ側に出ていたといえる。

カナダのもっとも新しいヌナブト準州設立の父といわれているイヌイットのジョン・アマゴアリクさんは、１９５３年の秋の出来事をこう述懐する。

「自分は子どもだったから、なにが起きているのかよくわからなかったが、白人に船に乗せられたのは覚えている。海へ出ると、どこに向かっているのかも知らされないまま、１日、２日、３日……と、海の上で過ごす日がつづいた。

ヌナブト準州設立の父、ジョン・アマゴアリクさん

木の見える景色が消えていき、日に日に気温が下がっていく。船が北に進めば進むほど、下がっていくんだ。甲板に立つと、目が寒さを感じた。そう、気候の変化を身体のどの部分で感じるかというと、目なんだね。

１週間か10日か、３日目を過ぎると、もう惰性だね。何日経ったのかわからないが、どこかの浜に着くと、船から降ろされた。目の前に広がる殺風景な景色にとにかく驚いたよ。植物がまったくない、砂利と岩の世界だ。そこは別世界だったんだ。私たちは白人政府にだまされたんだよ」

フィンランドの雪

溶けていく北国――ただ単に氷が溶けているだけではなく、それは人びとの心を疲弊させ、文化にも影響を及ぼす、というのは言い過ぎだろうか。今までには見られなかった精神面に及ぼす影響も出てきている。不透明な心理的インパクト。それらを２００６年のクリスマスから２００７年の年始にかけてフィンランドで過ごして感じた。

岩肌が見え、茶色に覆われた冬景色。日の出により空は黒からグレーに変わるが、そのグレーの空は4時間もたたないうちに、また黒く染まる。時計を見れば、昼間の時間帯だが、１日の気分はほとんど夜。ここでは太陽があまり出ない２月がうつ病率の高い月だそうだが、２００６年12月にもうつ病の話は多々出ていた。

原因のひとつに雪の少なさが考えられた。つまり、温暖化に遠因しているのだ。雪があれば空が暗くても、白い風景が明るさをつくるし、雪を使ったスポーツを楽しむことも単なる運動ではなく、精神をリフレッシュするものとなる。雪は暗い北国の冬には、精神衛生上不可欠なもののように感じた。温暖化をはじめ、気候変動に関連する政治の動きと精神面に及ぼす影響。こうしたことは今までそれほど気候変動の研究対象にはされていない。だからこそ、このような角度から取りあげた課題を気候変動に関する政府間パネル（IPCC）が第5次評価報告書にどこまで入れられるか興味深いところだ。

気候変動急速なり

ふたたび日本の話に戻ろう。私が「南方北国」と呼ぶ知床半島。ロシアのアムール川（注5）から流れてくる水が栄養分を運び、シャーベット状の氷と混ざりあい、じわじわと流氷になっていく。この流氷は世界で一番低緯度にあるといわれており、厚みのあることでも有名だ。だが、知床半島では6メートルもある根の深い「流氷魂」は近年少なくなったという。そんな知床半島の流氷を気にかけている研究者や地元の漁師、ダイバーは数多くいる。

そのひとりでもある北海道大学低温科学研究所の若土正曉《わかつちまさあき》博士は「温暖化の影響を地球上でもっとも早く受けるのは、オホーツク海と流氷かもしれない」と言う。さらに若土博士はオホーツク海のシベリア北部沿岸にある「海氷製造工場」がなくなれば、つまり流氷が溶けてしまえば「死んだ海」になると警告する。

溶けていく北国をどのようにわれわれ南にいる人間が視野に入れていくのだろうか。「溶けていく時計」を見れば、時間との戦いを痛感するはずだが、果たして間に合うのだろうか。日本列島の最北端から最南端まで、気候変動をもっとも感じるところを旅していると、人間の鈍さとわれわれの活動が自然を脅かすその速さが、恐怖となってひしひしと身に迫ってくる。

注1：バニシング・シーアイス（vanishing seaice）……バニッシュ（vanish）とは「消滅する」という意味で、バニシング・シーアイスは「消えゆく流氷」と訳せる。北極に本来の意味での陸地は存在せず、海面に厚く張った氷が陸地のような役割を果たしている。

注2：ホッキョクグマ……北極圏に棲息する熊の一種。いわゆる白熊。近年、北極圏の氷の融解が進んでいるため、氷上から海中のアザラシを捕食するホッキョクグマに絶滅の恐れが指摘されており、国際自然保護連合（IUCN）のレッドリストにも掲載されている。

注3：北極圏気候影響評価（Arctic Climate Impact Assessment, ACIA：2004）……北極評議会（Arctic Council）と国際北極科学委員会（International Arctic Science Committee）が行っている国際プロジェクトのひとつ。2004年に総合レポートが、2005年に詳細な科学的レポートが発表された。

注4：カナダの最北端の村グリス・フィヨルド……カナダ・ヌナブト準州に属する村のひとつ。民間人が生活する場所としてはカナダでもっとも北に位置する（観測所や軍事基地はさらに北にも存在する）。1953年にイヌイットの家族8組が初めて入植した。

注5：ロシアのアムール川……中国北東部からロシア南東部にかけて国境を越えて流れる川で、中流域はロシアと中国の国境になっている。「アムール川」はロシアでの呼称。本文では、河口のアムール湾（樺太北部の対岸にあたる）に注いだ栄養分が樺太の周囲を通って知床半島にいたる様子が述べられている。

オコジョが語る地球の嘆き

環境省希少野生動植物種保存推進員を務める野紫木さん

「目には人生が表れる。目が語る生きざまがある」と思ったのは彼と出会った瞬間だ。印象的な漆黒《しっこく》の瞳には清らかさがあり、少年と賢人が同居しているようだ。俗世にどっぷり浸かった気配はなく、人間のこまごましたところからはほど遠い人生を過ごしてきた、そんなオーラがあった。

「彼」とは75歳を迎える、いまだ現役の動物カメラマン兼フィールド・リサーチャーである野紫木《やしき》洋《ひろし》さんのことである。「60歳で花が咲いた」と野紫木さんは笑いながら語るが、この言葉を言い換えれば、フィールドで過ごした年月がそれくらい長かったということでもある。また、フィールドでの成果と世間の関心とがかみ合うタイミングも関係したといえるであろう。

野紫木さんのフィールド入門は7歳の時。ミンクの毛皮貿易をしていたお父さんに連れられて、スウェーデンのラップランド（注1）にやって来た。地元のサーメ族（注2）のソキ老人と仲良くなって、森歩きをする毎日だった。

冬のある日、ソキ老人がスウェーデン中部の都市エステシュンド（Östersund）に行くという。エステシュンドからさらに約100キロメートルのオーレ（Are）まで連れて行ってもらい、その雪山に入って、足が止まった。そこには見たことのない美しい動物がいたのだ。つぶらな瞳に透きとおるような真っ白な毛。一瞬にして目の前の動物に心を奪われてしまう。この日のオコジョとの出会いが、動物の世界に入りこむきっかけだった。

イタチ科の食肉獣であるオコジョはわれわれの日常生活の中ではあまり見かけず、馴染みのない動物のひとつであろう。私の独断と偏見なのかもしれないが、オコジョの認知度は一般的にやや低い気がする。人間が近づきたがり、保護対象にしようとする動物ほど、遠い存在のように感じる。

人間の気まぐれで保護対象にする動物が決められる。それによって動物の生存はどのように左右されるのか。また、保護対象にされる、されないことによって、生息環境への影響は……などいろいろと頭をよぎるが、個人的な考えはわきにおいて話を進めよう。

オコジョへの世間の関心がじわじわと高まってきた背景には、野紫木さんの調査活動がある。オコジョの生息環境をはじめ、変化・変異を知ることは人類の活動と密接な関わりがある。それには気候変動を予言するものが含まれているのだ。人間とは寂しい動物である。みずからの身に危機が及ばなければ、動こうとはしないのだ。危機に直面して、はじめて現実を直視する。皮肉なことながら、オコジョはその危機を伝える役割を果たしている。

1年の360日がフィールド調査

オコジョに心を奪われて、気候変動との結びつきを探求するまでの道のりには「出会い」の積みかさねがある。

まず、兵庫県豊岡市でコウノトリの野生復帰のために全力を尽くした兵庫県立大学教授の池田啓さんとの出会いだ。動物生態学、保全生物学の専門家であり、『コウノトリがおしえてくれた』（フレーベル館刊）の著書などがある池田さんとの出会いは大きかったと話す。

それから1冊の本との出会い。キャロル・キング著の『The Natural History of Weasel（イタチ）and Stoats（オコジョ）』

オコジョ出没後、逃げこんだ場所を説明する野紫木さん（左）
（写真提供：野紫木洋さん）

志賀高原で使用していた「赤外線ロボットカメラ」
左の機器から出た赤外線を右のセンサーで受けており
動物がこの間を通るとカメラがシャッターを切る
（写真提供：野紫木洋さん）

からも多くを学んだそうだ。

その後、標高１２００メートル以上ある本州の亜高山帯に生息するホンドオコジョの分布実態にさらに興味を持つようになる。いくつかの疑問と仮説を内側に抱えながら、本格的な調査のため、１年のうち３６０日を志賀高原（長野県）を中心に、白山（石川県）、妙高高原（新潟県）などで過ごした。

フィールド生活者となった野紫木さんの大きな転機となったのは、志賀高原で没頭した調査だった。

「志賀高原はオコジョが出てくるポイントが多いのではないだろうか」との池田さんの意見を参考にしたとは言うが、車より自分の足でフィールドを移動する主義でもあったため、林道の多い志賀高原を本格的な調査地に設定したのである。

志賀高原での調査は１９８６～１９９４年の８年間に及ぶ。山に入って１年後に、ようやくオコジョとの対面を果たすことができた。それからはオコジョの出やすい時間帯を狙って、その場所へ足を運ぶ日々。朝の5〜10時にかけてオコジョが出やすいということだが、これも8年間集中的に調べてわかったことである。

季節を色づく毛で語る

自然の移りかわりを肌で感じてきた野紫木さん。大雪、雪解け、徐々に茶色の風景が新緑に塗られていき、梅雨時の湿気の多い日から暑さを増したかと思えば、あっと言う間に涼しい日へと移り、やさしい日差しが森を和ませる。

そんな中で、微妙に変化するオコジョの生息環境。じわじわ起こりつつある周囲の環境の変化に、オコジョの生態も変わってきたそうだ。とくに、毛が生えかわる換毛の姿。あの日魅せられた純白の姿の期間が、年々短くなっていることが判明した。

この考察の「証言者」は100か所に設置されたロボットカメラと自身の目撃調査である。オコジョの毛にペンキをつける方法で記録をとることに成功した。オコジョはネズミを主食とする動物であるため、ネズミの穴（直径3センチメートルくらい）に入りこむ。その穴を通る習性を利用して、穴の出入り口に色をつけたペンキの筆を置き、背が塗られるようにした。色別することでメスとオスそれぞれの行動範囲と、換毛進行がわかるのだ。

オコジョの毛には、雪と同じ真っ白な色から森に溶けこむ褐色に変わる「春換毛」と、冬に備えるため黒ずんだ茶色からふたたび雪の色に変わる「秋換毛」のふたつの換毛時期がある。これは自然界で生きのこるための隠蔽《いんぺい》色だが、その生理機能は気温と日照時間によって決まるという結論が出た。

野紫木さんは志賀高原での記録収集後も友人の協力を得て、妙高高原と白山で同様の調査を行い、その結論に一層確信を持つようになった。

北上するオコジョ

オコジョは本来北方系の動物だ。マンモスと同時期の動物なので、暖かい場所には生息しない。氷河時代にシベリア、サハリン、北海道、本州とつながり、その時にオコジョやマンモスのような北方系の動物が、陸化したところを通って日本へ入ってきた。

しかし温暖化により、オコジョをはじめとした北方系の動物は北へ北へと逃れていった。現在までなんとか環境に適応しながら青森まで分布を拡大しているのが、ホンドオコジョである。

記録が語りかけるオコジョと気候変動の関係については、1980年代後半は春換毛の時期が5月までかかるとされていたが、90年代に入るとこの時期が早まるとともに、秋換毛の時期が遅くなりだしたのだ。2、3日のずれはあるが、3調査地域（志賀・妙高・白山）で同じ現象が見られた。

この違いはなんだろうと調べていくと、前述したようにオコジョの換毛には気温の上下が関係していて、なんらかの影響からオコジョが温暖化を察知しているのである。換毛というのは、オコジョが寒くなったと感じて起こるわけではないので、本州の温暖化、だんだん暖かくなっていることと関連性があるのではないか、という結論に達した。

以前、千葉県の堂本暁子知事と共同で行った温暖化に関する論文「生物多様性と温暖化」の中にも、オコジョの換毛生態がその証しのひとつだとある。

生息域も微妙に変化しつつある。今まで標高１５００〜１６００メートルの場所で見られていたオコジョが姿を消した。１６００メートル以上まで行かないと見られなくなったのだ。以前は白山では８００メートル、志賀高原では１２００〜１３００メートルで見られたという。

温暖化との関係はまだまだ解明が必要なことはあるが、無関係でないことは明らかである。

1. 新雪に顔を突っこみ、顔についた雪を払う
2. 雪の中になにか見つけたのか再度顔を突っこんだ
3. 左右を警戒する（この時、取材に来ていたNHKのカメラマンがわずかに動いたのだ）
4. 撮影する野紫木さんを見る。警戒心が感じられない

（写真提供：野紫木洋さん）

人為的開発による行動範囲の変化

オコジョの生息域を脅かしている原因として考えられるのは温暖化だけではない。人為的開発、その中でも森林の開発は間違いなく生息環境を変化させている。

まず、森林を伐採すると、オコジョの主食であるネズミが少なくなる。そして森林伐採のために運搬用の林道をつくることによって、下の動物達が上昇する。下の動物とはキツネやカラスのことである。とくにキツネはネズミを食べるので、オコジョの天敵であり、必然的にオコジョにも影響が出る。また志賀高原などでは、スキー客や山歩きをする人の影響も大きいとされる。

志賀高原で出合ったわずか20センチメートルほどのオコジョのオスは、東京ドームの８～13個分の広さを行動範囲とする。冬は行動範囲が広く60ヘクタールを必要とし、夏はその３分の２に狭まるが、広大な森林を要することに変わりはない。人間の活動がその行動範囲に微妙な変化をもたらしている。

人為的開発により、自然環境の脆弱性《ぜいじゃくせい》が高まる。オコジョが身をもって伝える地球の嘆き。これを私たちは無視することができるだろうか。

注1：スウェーデンのラップランド……ここではスウェーデンの地方名として用いられ、同国の最北部に位置する。ラップランドとは、伝統的にサーメ族が暮らしてきた地域のことで、ノルウェー・スウェーデン・フィンランド・ロシアにまたがっている。

注2：サーメ族……スカンジナビア半島からコラ半島にかけて、ノルウェー・スウェーデン・フィンランド・ロシアにまたがる地域（ラップランド／サーメ／サーミ）に古くから居住している少数民族。サーメ評議会という国際的な非政府組織もあり、国を超えた連帯を維持している。

責任共有が世界の課題

インタビュー　鴨下一郎さん　環境大臣

かもした　いちろう
1949（昭和 24）年東京都足立区に生まれ、79 年、日本大学大学院医学研究科修了、医学博士。心療内科医として、医療現場でサラリーマンやＯＬの心の病気の診療にあたる中で「現代の心の病を治すには、まず、社会病理を直す必要がある」と政治の世界を志した。93 年衆議院初当選後、環境政務次官、厚生労働副大臣などを務める。2007 年環境大臣に就任。

あん　日本に初めて来たのは25年前ですが、北から南まで日本列島を歩きまわりました。その日本列島で、今、地球の温暖化による影響がどのように出ているのか。農村、山村に暮らし、漁村、森や田んぼ、海に入って生活している人びとはなにを感じているのか。日本の自然の異変に目を向け、これから意欲的に各地を訪ねていこうと思っています。

鴨下　日本を徹底的に歩こう！と決心されたとのことですが、明治時代に日本を歩いた英国人女性のイザベラ・バード（注１）に似ていますね。

あん　そういわれると光栄です。平成の

イザベラ・バードになれればいいなと思っています。国籍はカナダ人ですけれど。

大臣も国内外を歩かれることが多いと思いますが、これは気候変動の影響ではないかなと思ったことはありますか。

鴨下　私は58年間、今住んでいる場所（東京都足立区）に住みつづけています。昔は田園地帯でしたけれども、子どものころは家の北側は森になっていて、そこには小さな用水路があって氷が張ったのです。しかし、最近はそこに氷が張らなくなってしまった。あの時の冬の寒さと今の暖かさの違いは由々しきことだと思いますよ。

原点は幼少期の体験に

あん　大臣は心療内科の医師でいらして政治家でもあるわけですが、ご自分の原点は、やはり子どものころの自然の中での体験ですか。それが世界を見る目をつくったとお思いでしょうか。
鴨下　私はあまり学校での勉強はしなかったけれども、ちょっとした子どもの空間でなにか楽しく遊べることはないかと工夫するのが大好きでした。小さな川があれば、そこでいかにうまく魚を捕るかを徹底的に工夫したり、小さな木の実で豆でっぽうをつくりどれだけ遠くに飛ばすかに熱中したり、自然を利用して自分の遊びを追求することに熱心でした。
あん　私はカナダの平原地帯の生まれです。学校から帰ってくると、私たち5人の兄弟は母親にすぐ外に追いだされたものです。さすがに零下25℃になると中に入れてもらえましたが、真冬でも外で

まわりの自然で遊んだ子ども時代
（写真提供：鴨下一郎さん）

遊んでから家に入るというしつけを受けました。今になってみると外で遊んだことがすごく役に立っていると思います。

鴨下　そういうお母さんは最近では少ないでしょうね。

　私にもこんな経験があります。夏になると家の庭をコウモリが飛びかうので、私はなんとしても捕まえようと小石などを投げて、コウモリがそれを追いかけて下りてきたところを網で捕ることに夢中になりました。なかなか捕れるものではありませんから何度も繰りかえしましたね。秋になって少し寒くなると、コウモリが蔵の屋根裏に止まるので、そこをすばやく捕まえるのです。するとキーキー鳴いて、ネズミよりもずっと怖い顔をしてこっちをにらむ（笑）。でも捕った時の、あの興奮は忘れられません。

あん　わかるような気がします。私は今、宮城県の松山町（現大崎市）という田舎に住んでいますから、庭にはよくキジやヘビが出てくるんです。鴨下大臣の少年時代のお話は、トムソーヤの冒険みたいで、聞いているとわくわくしてきます。

　ほかにはどのような思い出がありますか。もっと聞かせて下さい。

鴨下　トンボの話で、当時はギンヤンマ（注２）というのが私にとっては一番価値の高い昆虫でした。その中でもメスのギンヤンマがとくに貴重で捕まえるのがむずかしかった。オスのギンヤンマは胸が緑色で腰のあたりは水色。そこでオスのギンヤンマを捕ったら絵の具で水色の部分を緑色に変える。そうすると一見、メスのギンヤンマになるのです。それに糸をつけて飛ばすわけです。そうするとオスのギンヤンマがだまされて寄ってくるので、大きく網を回して捕えるのです。子どもにとっては大発明です。

あん　好奇心旺盛ですね。一緒に少年時代にタイムトラベルをしたくなりました。そんな少年が医者を志したのはどういうことからですか。

人と自然の真ん中にあるものとは

鴨下　昆虫や鳥などについて勉強して、それをライフワークにしたかったのですが、社会の中で生きていくうえで山の中で一人暮らしをするわけにはいきません。高校生くらいになると将来について真剣に考えるようになりました。そのころからでしょうか、人と自然との関わりの真ん中にあるのが医学ではないかなと思うようになったのです。

あん　では、少し自然と離れて勉強の毎日だったの

尾瀬ヶ原で生物を採取する鴨下さん
（写真提供：鴨下一郎さん）

ですか。

鴨下　社会性を自覚し医学を学ぼうと、もちろん勉強はしましたが、私のまわりにはいつも大きな木があり、その周辺にはいつだって生きものがたくさんいました。おかげで、特別にどこかへ出かけなくても昆虫や鳥と触れあう時間は十分ありました。

ただ自然の中で楽しく過ごせればいいのですが、我が家は私で15代目になり、おそらく350年ぐらいつづいています。300年経っている古い家の部分も残っていて、長男の自分がそういう家を継がないといけないのではないかなという思いもありました。

あん　私は開拓者の孫娘ですから、日本に来た時、縄文、弥生時代から何千年という長い歴史を持っている国というのは凄いなと思いました。そうした古い歴史を背負うことは重みでもあると思います。

しかし日本は戦後、高度成長に入っていくと伝承してきた生活の知恵や文化だけではなく、さまざまなものを捨ててしまったのではないかと思います。

自宅にある稲荷神社の瓦屋根と
足立区保存樹に指定されているけやき
（写真提供：鴨下一郎さん）

自然と調和した文化的な生活

あん　大臣はホームページの中で「長寿」は日本のもっとも優れたことだとされ、「環境への取り組み、日本的生活様式など、長寿を生み出すジャパンスタイルを世界に売り込むべきだ」と書かれていて大変感銘を受けました。

鴨下　ここで少し詳しく説明しますと、たとえば都会のマンションにひとりで住んで、コンビニでご飯を買って、そしてテレビを見てインターネットをしてと……。もしこれを文明的な生活だと言うのであれば、私は違うと思うのです。

住まい方で言えば、春や秋は涼しい風が入るのですから窓を開けてエアコンなどは極力消したほうがよいでしょう。それから夜は、9時、10時になったら寝て、その代わり朝は日が昇ったら起きるとか、今までとは少し違う自然と調和した生活というものが必要だと思っているのです。

私は医者ですから「外の環境」だけではなくて「体内の環境」にも関心があります。人には一日のリズムがあるのです。目から光が入って頭の中の松果体《しょうかたい》（注3）により体内時計が機能して目が覚める。そして暗くなってきたら副交感神経が優位になって眠りについていく。こういうリズムが体の中にはありますが、そのリズムを今はバラバラにしてしまっているわけです。

あん　コンビニエンスストアーは24時間開いているし、テレビは夜中でも他愛のない番組を流しています。

鴨下　そうです。体や環境負荷の観点からも、「自然と調和した文化的な生活」を取りもどすこと

2008年G8洞爺湖サミットの国際会議「神戸環境大臣会合」
（写真提供：鴨下一郎さん）

が必要だと思います。

多様な価値観を認めあう

あん　医師という専門家でいらっしゃる、つまりプロフェッション（専門的な職業）を持って政治家をされているので、二足のわらじの相乗効果を感じることもあると思います。

２００８年は洞爺湖サミットが開催されますが、日本政府の代表のひとりとして、日本が国内だけではなくて海外に向けて発信するメッセージ、あるいは活動や役割についてどのようにお考えですか。

鴨下　「グローバリズムの影」「経済至上主義の問題点」をもう一度しっかり見なければいけない。日本がG8サミット（注4）の議長国になるということはいろいろな意味で地域、国のアイデンティティを大事にしながら、アメリカ的なグローバリズムの一方向ではなくて、世界のそれぞれの民族や国にとって「幸せなあり方」というものはなんなのか考えなければいけません。このサミットをそうしたことを考えるきっかけにしたいと思っているのです。

すべての人が大きな冷蔵庫を持ってエアコンを使って、大きな自動車を乗りまわす、それが幸せだというような物差しだと地球は四つぐらいないと足りません。そうではなくて多様な考えを持った人たちがいるということをわれわれが認めあって、地域には地域の価値観や文化があるし、そういうものをもう一度磨きあげる。

田舎に行って、農業や林業をしている人たちの話を聞くと、なんて素晴らしい人生を歩んでこられたのかと、うらやましくなることがあります。ジーンズを履いてハンバーガーを食べてコーラを飲んで遊ぶことが世界中のたったひとつの幸せではないのです。トンボに絵の具を塗ることも幸せのひとつであると思います。そうしたことに気づいてもらえるようなサミットにしたいと思っているのです。

われわれは今、地球環境保全の観点から、人間の行動が制限される大きな問題にぶつかっているわけだから、ここはいったん立ちどまり、自分の価値観が実現できる、しかもサステナブル（持続可能）（注5）な生き方とはなにか考えなければいけないのです。

あん　そういう意味では鎖国を宣言していた徳川時代の日本は循環型社会を実現していた。有限な資源の中で栄えた歴史を持っている国が、米国のような自然観や資源に対する考え方だけではなく、二十一世紀の人類の選択についてどんどん声を上げていって欲しいのです。アメリカ以外の声をもっと上げなければ、地球環境の破壊にはブレーキがかからないと思います。

鴨下　おっしゃるように考え方が変わらないと地球温暖化は止まらない。大量生産だとか、大量消費だとか、これが絶対の正義だという考え方ではなくて、目立たなくても地域の中で堅実な暮らしをしている人たちの幸せが重要だということ。世界の価値観がひとつになって、インターネットで全部つながっていることが素晴らしいというのは、やはり違うように思います。

タイルの目地のような役割に

あん　私はIPCC（気候変動に関する政府間パネル）（注6）の第3次評価報告書のころから、日本語訳の作業などに関わって国際会議にも参加しました。日本は本当に大きな役割を果たしていると思います。2007年の会議でも日本の発言がなかったらSPM（政策決定者向け要約）から肝心なものが削られるところでした。日本が発言することで、力を得ている小さな国がアジアやアフリカにはたくさんあるのです。

鴨下　だからバリではすべての国に入ってもらうポスト京都の枠組み（注7）をつくろうと、われわれは非常に強い思いで考えているわけです。

私がイメージしているのは、お風呂のタイルの目地《めじ》のような役割なんです。タイルをつなぐように国と国とをつないで、最終的にはアメリカも中国もインドも入ってすべての国が地球温暖化問題に取りくむ枠組みをポスト京都ではつくろうと考えています。それには日本が先頭に立ってボールを蹴ってゴールに運ぶというのではなくて、皆に自分のプレーができるようなパスを出していく必要があると思っています。

あんじょう自分のプレーをしてもらうためにはチームの雰囲気も大切です。プレーヤーが全力を出せるよう良い環境をつくっていって下さい。今日はありがとうございました。

（２００７年11月28日　環境大臣室にて）

注１：イザベラ・バード……１８７８（明治11）年に、東京を起点に東北から北海道、さらに神戸や京都など関西を訪ね、これらの体験を１８８０年『Unbeaten Tracks in Japan』にまとめた英国人女性。この普及版が『日本奥地紀行』として日本語訳されており、明治期の外国人の視点を通した日本を知る貴重な文献とされている。

注２：ギンヤンマ……トンボの一種。日本全国だけでなく、東アジア一帯に広く分布する。

注３：松果体……脳の部位のひとつ。大きさは豆粒ほどで左脳と右脳のあいだにあり、メラトニンと呼ばれるホルモンを分泌する。メラトニンには血液中の濃度が高くなると眠くなり、低くなると覚醒する作用があるため、松果体は睡眠や生活リズムと深く関連している。目を通じて光を感じるとメラトニンの分泌は抑制され、暗くなると増えていく。

注４：Ｇ８サミット（主要８か国首脳会議）……日、米、英、仏、独、伊、加、露の８か国首脳とＥＵ委員長が毎年一度集まり、国際的な課題について討議を行う首脳会議。首脳による会合だけでなく、同時に行われる外相会合や財務相会合も含めて呼ばれることもある。２００８年度の第34回Ｇ８は日本が議長国を務め、北海道の洞爺湖町で開催された。洞爺湖サミットでは洞爺湖の豊かな自然を背景に環境問題が主要テーマとしてクローズアップされ、また準備・運営の面でも環境への配慮が強く意識されていた。

注５：サステナブル（sustainable）……英語の形容詞で、「持続可能な」という意味。水、石油、鉱物をはじめとする天然資源の量は有限であり、人間が現在のような文明活動をつづければいずれ枯渇するといわ

れている。「サステナブルな（持続可能な）発展」のように、資源の効率的な利用やリサイクルなどを意識するためのキーワードとして使われる。「サステナビリティ」（susutainability、持続可能性）という言葉で簡潔に表されることも多い。

注6：ＩＰＣＣ（Intergovernmental Panel on Climate Change、気候変動に関する政府間パネル）……24ページ「ＩＰＣＣ」の注を参照。

注7：ポスト京都の枠組み……「京都」とは京都議定書のことで、１９９７年に京都で開催された第３回気候変動枠組条約締約国会議（ＣＯＰ３）で議決された。６種類の温室効果ガスについて国ごとに削減目標を定め、削減期間は２００８～２０１２年とされている。「ポスト京都」とは、この期間より後の２０１３年以後を対象とした温室効果ガス削減の枠組みを指す。

南極は最後の砦

インタビュー　藤井理行さん　国立極地研究所所長

あん　私はカナダの極北地帯で何度か聞きとり調査を行っていますが、南極は映像しか見たことがないんです。藤井先生は20年間、6回にわたって南極を見てこられた。一番印象深いことはなんですか。

藤井　南極に行くたびに、地球にこんな凄いところがあるんだという気持ちになるのです。言葉にしようがないくらい奥の深い世界です。

僕自身は氷の専門家です。氷の世界は数万年、数十万年という悠久の時間軸で動いています。今日、明日という単位で氷の大陸、南極は語れない。

マスコミなどでは、温暖化によって南極でどんどん氷が溶けていると騒ぎたてているのですが、南極は溶けて小さくなってはいません。しかし、南極にある膨大な氷のマス（注2）が地

ふじい　よしゆき
1947年生まれ。1975年名古屋大学大学院理学研究科修了後、国立極地研究所（注1）勤務。1976年の第18次日本南極地域観測隊に参加して以降、南極（6回）やネパール・ヒマラヤ、富士山などでフィールドワークを重ね、氷、雪、永久凍土の研究をつづける。2005年から現職。

球の変動と違うリズムを与えているんです。

あん　それはどういうことでしょうか。

藤井　たとえば、エルニーニョ（注3）のような数年の現象から数千年の現象をつかさどっているのが海なんですが、南極の氷は、数万年、場合によっては数十万年の地球の気候のリズムをつかさどっているんです。生物も、海洋生態系を含めて、短いリズムを持ったものから長いリズムを持ったものまでが、地球の中で共存している。自然の多様性と相互作用です。

ドームふじ基地は、南極氷床第二の標高を持つ頂上だが、見わたす限り大雪原が広がっている。雪面下の掘削場で、2期にわたり氷床深層コア掘削を行った。第一期計画（1991-1997）に参加し、2503m の深さの掘削に成功。基地の看板の前にて（1997 年 1 月）
（写真提供：国立極地研究所）

あん　気候変動に関する政府間パネル（IPCC）第4次評価報告書では、気候変動はかなり科学的確実性が高いということを言っています。

南極でお誕生日を9回も迎えた方にとって、気候変動の危機感というのはあるのでしょうか。

藤井　地球全体が同じように変化しているのではないのです。地球というのは、海や大気、氷、生物、それに人間が、それぞれ違うリズムを持って、違う反応をしながら共生しています。ですから地球の気温が二酸化炭素（CO_2）だけで決まっているなんていうのはナンセンスですよ。もちろんCO_2は一番大事ですが。

私もＩＰＣＣ第４次評価報告書のワーキンググループ１のリード・オーサー（注４）として第４章「氷と雪」を担当しました。率直に言って大変な危機感を持っています。

地球はいろいろなリズムを持った多様な構成要素《コンポーネント》からできています。まだそれぞれの関係がよくわかっていないということはありますが、CO_2が過去50年の地球温暖化のもっとも重要な原因であるのは確実です。もしかしたらわれわれが今知らないシナリオが、別のところで働きはじめている可能性だってあります。

変わらない南極

あん　南極では気温の上昇が見られますか。

藤井　過去１００年で

第一期ドーム計画で採取に成功した氷コアは、34万年前に遡る。3回の氷期—間氷期サイクルを含む地球規模の気候変動の詳細を記録していた
（写真提供：国立極地研究所）

は、地球全体で平均０・74℃の気温上昇が起こり、それに対して北極では２・５℃も上昇しています。しかし、データを見る限り、南極は温暖化していないのです。この違いは、CO_2では説明がつきません。北極のCO_2濃度が高くて、南極のCO_2濃度が低く、さらにCO_2が地球のヒーターと仮定できれば、北極のヒーターが強く、南極ではほとんどついていないということで説明がつきます。しかし、CO_2は地球ではどこでも均質なので、別のメカニズムが働いていることになります。

あん　それはなんだと思われますか。

藤井　考えられるのは、アルベード・フィードバック（注５）です。雪は日射を90％ほど反射します。雪の下は、たとえばシベリアだとかカナダでは地面、北極海では海ですが、雪に比べると黒っぽいので日射を吸収し、温まって、ますます氷を溶かす。そうすると黒っぽい所が広がっていき、どんどん温まるというメカニズムが北極では働いています。

ただ僕が心配しているのは、ＩＰＣＣではまともに取りあげなかったいくつかのシナリオについてです。

あん　どういうシナリオですか。

藤井　南極氷床の崩壊シナリオです。昭和基地の１００キロメートルほど南にある白瀬氷河では、異常な流動現象が２千年前に起こり、現在にいたるまでゆっくり加速していると考えられています。氷床は海に向かってゆっくりと動いているのですが、そのある部分は、氷床底面での滑りに起因しています。氷が滑るスピードが速くなると、岩盤との摩擦が増え、氷が溶けて水がたまる。水がたまると浮力で浮きあがり、岩盤からもっと離れていくのでどんどん滑りやすくなるのです。

あん　そういうことなのですか。

藤井　ドームふじ（注6）で1995年からボーリングをしていまして、2007年の1月に深さ3035メートルに到達しました。僕らは100万年や200万年という古い氷に到達できるんだと期待していたのですが、72万年の氷でした。それは最深部の氷が溶けていたからです。あちこちで氷が溶けているという報告が出てきました。今では、南極氷床の下には水があるというのが共通認識になりつつあります。南極氷床は、極めて不安定な状況に置かれているのです。このシナリオは、じつは、ひとつ前の氷河期に北アメリカ大陸で起きています。こうした大崩壊が10万年の氷河期の中で20回程度あったということがわかってきました。

あん　今後も南極で同じようなことが起こるのでしょうか。

藤井　この先10年くらいはその可能性は低いと思うのですが、ないとは言えません。温暖化で海氷や棚氷《たなごおり》（注7）が消えて、そのブレーキ作用がなくなり、南極氷床の異常流動現象が起こって大崩壊するシナリオだってあるのですから。

あん　南極の氷が溶けはじめれば海面上昇につながりますよね。

藤井　地球規模で海面が上がります。しかし、南極は今後100年の海面上昇に関わらないというのがIPCCの見解です。

楽観的なシナリオでも悲観的なシナリオでも、南極氷床は大きくなると言うのです。温暖化で氷床縁辺部では融解が増大することはあるかもしれないけれども、海からの蒸発が増え、その分南極に降る雪の量が増えると考えているのです。

あん　南極は１００年のあいだ、ある意味で安全装置として働くということでしょうか。

藤井　そうです。ＩＰＣＣのシナリオでは、先ほどの南極氷床の大崩壊といったサプライズや、海の循環の大変化は今後１００年くらいは起きないだろうということです。

冷房装置としての役割

あん　南極はわれわれにメッセージを送ろうとしているのでしょうか。

藤井　そうですね。南極は最後の砦みたいなものですから、地球全体を大事にしないといけません。グリーンランド、ヒマラヤ、アルプス、パタゴニアの氷河は、急激に小さくなっています。南極はまだ昔のままの姿を今のところは保っています。だから南極が変わるようだったら、地球の最後がすぐそこまで来ていると考えたほうがいいと僕は思っています。

昭和基地の西方 600km のブライド湾の棚氷。海から蒸発した水蒸気は、雪となり南極氷床上に積もり、氷となって海に向かって流れ、海に戻る。こうした数万年の悠久たる水循環の最後の姿が、棚氷や棚氷から分裂した氷山である（写真提供：国立極地研究所）

あん　南極が変わらないことが安心材料ですね。

藤井　南極が地球の冷源、冷房装置として地球環境に非常に大事な役割を果たしていると思います。この地球の「冷房装置」が壊れると、北極ではすでに「暖房装置」のスイッチが入っているわけですから、地球が大変なことになります。

あん　南極、ヒマラヤ、日本の富士山と、40年ものあいだ地球のいろいろな現場で氷を見てこられて、現在の地球観はどのようなものになっているのでしょうか。

藤井　氷を通じて地球の多様性や脆弱性《ぜいじゃくせい》を見てきました。富士山の永久凍土や南極の氷も生きもののように感じています。大きいもの小さいもの、気候に非常に早く反応するもの、何万年何千年もかかってレスポンスするもの、さまざまです。

人間も含めて生態系も地球も多様な中で、共存していくというのは大事なことで、そういうことを考えていくと、今人間はそれに逆行する生き方をしているのではないかと感じています。

あん　ひとりひとりが自分の生き方を早急に見直していかなければいけないと思います。どうもありがとうございました。

（２００８年６月４日　国立極地研究所にて）

注1：国立極地研究所……極地に関する科学研究と極地観測を目的とする研究機関。1973年に設置された。南極には昭和基地をはじめ、ドームふじ基地、みずほ基地、あすか基地と4つの観測拠点が、ノルウェーの北極圏にはニーオルスン観測基地がある。総合研究大学院大学の一環として複合科学研究科極域科学専攻の研究者を育成している。

注2：氷のマス……「マス」とは英語のmassで、「大きな塊」という意味。

注3：エルニーニョ……太平洋の赤道周辺、とくに日付変更線付近からペルー沿岸にいたる海域の海面温度が平年よりも高くなり、1年ほどつづく。数年に一度の頻度で起こる。この現象が起こると、ほかにもさまざまな異常気象が観測される。現象名はスペイン語で「男の子」という言葉に由来。

注4：リード・オーサー（lead author）複数の著者のうち、主導する役割を担う著者のこと。

注5：アルベード・フィードバック（albedo feedback）……アルベード（albedo）とは、地表が太陽照射エネルギーを反射する割合のこと。色が白い雪や氷は反射率が高く（8〜9割ほど）、温度が上がりにくい性質を持つ。温度が低く抑えられることで雪氷の面積は広がり、温度がさらに低下して寒冷化が進む。こうした増幅作用のことをアルベード・フィードバックと呼ぶ。藤井氏は雪氷の面積が減少した場合の温度上昇増幅効果を指摘している。

注6：ドームふじ……南極にある国立極地研究所の観測拠点のひとつ。氷床ドームの中心付近に位置している。氷床の中心部は氷床が海へ流れだす力が働かず、古くからの積雪がそのまま積みかさなっており、氷床掘削に適した位置とされる。ドームふじでは2001〜2007年にかけて深層掘削プロジェクトが行われ、3035メートルまで掘削し氷床サンプルを採取した。

注7：棚氷《たなごおり》……氷床が内陸から沿岸へ押しだされ、陸上の氷と接合したまま海上に浮かんだ部分を棚氷と呼ぶ。棚氷は南極や北極圏に複数あるが、近年では氷床から分離・崩壊して氷山となる例が多々報告されており、地球温暖化との関連を指摘する声も多い。

未踏の戦略、成功のカギは

インタビュー　堂本暁子さん　千葉県知事

あん　堂本さんは生物多様性問題の先駆者であり、ジャーナリスト、国会議員、知事になられても熱心に取りくんでいらっしゃいますが、その原点はどこにあるのですか。

堂本　それはグローブ（GLOBE＝地球環境国際議員連盟）（注1）という環境問題に関心を持つ政治家の組織に参加してからですね。生物多様性を意味するBiodiversity（バイオダイバーシティ）（注2）という英語も知らなかったのですが、グローブの会合に行きました。そこには民主党のアル・ゴア元米副大統領

どうもと　あきこ
1932年アメリカ生まれ。55年東京女子大学社会学科卒業。東京放送（TBS）にて報道局記者、ディレクターなどを務めた後、89年より参議院議員。環境基本法や生物多様性条約などの立法、審議に深く関わり、94年よりIUCN（国際自然保護連合）アジア理事・副会長、99年よりGLOBE（地球環境国際議員連盟）世界総裁。著書は『立ち上がる地球市民～NGOと政治をつなぐ』『温暖化と生物多様性』（共著）など。

（注3）もいらっしゃって、地球温暖化や生物多様性など七つのワーキンググループがありました。「バイオダイバーシティとはなんですか」と聞いたら私の担当だった秘書の女性がとっても上手に説明してくれたのです。直感的にこの世界は面白いと思いました。それで「なにも知らないけれどどうしたらいいのかしら」と尋ねたら、後日ゴアさんたちから「それならスミソニアンに行くといい」と言われました。

米国のスミソニアン博物館（注4）はブラジル・アマゾンに出先機関があって、そこでは議員さんたちが実際に生態系などについてレクチャーを受けています。私もスミソニアン博物館からたくさんの本をもらいました。それがスタートです。

あん　グローバルな視点から始められたわけですが、知事になられて地域の問題に目を向けてこられました。

千葉県は生物多様性問題の取りくみでは先進的な自治体として評価されていますが、ローカルな取りくみから、ふたたび生物多様性というグローバルなテーマに情熱を注がれているのはなぜですか。

堂本　環境のための条約には、渡り鳥を守るためのボン条約（注5）だとかラムサール条約（注6）、野生生物の取引を規制するワシントン条約（注7）だとかいろいろな条約ができています。ですが、生物全体、生態系を地球規模で全部ひっくるめて守ろうとする条約はなかったのです。

しかし、地球の温暖化が進んでいる中で、渡り鳥だけを守る、湿地だけを守るということではなく、やはり全部を守ることを目指したグローバルな視点での取りくみが必要だと思ったのです。

あん　１９８９年に参議院議員になられて、10年後の１９９９年にグローブの第５代総裁、国際自然保護連合（IUCN）（注8）の副総裁に就任されました。政治家として、日本と世界をリードしなければという思いはどうして生まれたのですか。

堂本　私が参議院議員になって間もないころ、あれは1992年のリオの地球サミット（注9）の前だったと思います。私は日本であろうと外国であろうと生物多様性関係の会議があれば必ず行って、どういう議論がなされているのかなども含めて勉強していたのです。

やはり日本は地球温暖化や生物多様性問題への取りくみが遅れていたのです。グローブはおもに欧米の議員の集まりでしたので、地球の環境を守るためには日本を巻きこまなければならない、日本の人たちの意識を変えていこう。そのためにはまず、日本の国会議員の意識を変えなければいけないという思いがありました。

あん　未知の世界に入りこんでいったわけですね。アメリカ生まれで、ジャーナリスト。学生時代、山登りがお好きで、登山の経験から「未知への挑戦」を学んだと話されていましたね。

今では生物多様性というと堂本さん、といわれるようになりましたが、その陰ではご苦労もあったかと思います。国の制度として定着させるには、いくつもの壁があったでしょうね。

県民がつくり、活動する戦略づくり

堂本　第一次生物多様性国家戦略（1995年決定）（注10）をつくる時も、横の関係で言うと環境省以外の省庁は協力的ではなかったのです。環境基本法にも入れようと思いましたが、その時はさかんに反対され、日本で生物多様性という言葉を使うことすらなかなかできなかったのです。
私が千葉県知事になった時（２００１年４月）でも、生物多様性問題に対する社会的関心は地球温暖化問題とは比べものにならないくらい低かったのです。温暖化防止は京都議定書もあって自治体レベルの関心も高まってきていましたが、生物多様性については地域の問題とまでには進まなかったのです。

あん　それでは駄目だと思われたのですね。

堂本　そうです。それで千葉県の生物多様性戦略は、県がつくるというよりも県民が参加してつくろうという姿勢でスタートしました。「生物多様性と農業」「生物多様性と里山里海」「生物多様性と野生動物」「生物多様性と遺伝子組換え作物」などのテーマで32ものタウンミーティング（２００７年５～９月）が開かれました。

あん　そのタウンミーティングのお話を以前、国連大学でうかがった時にすごく感動したのを覚えています。やはりフットワークが軽い、さすがメディア出身の方だなと。
そういう取りくみの中から生まれたのが「生物多様性ちば県戦略」（２００８年３月策定）（注11）ですね。最初から県民が参加し、県民が活動する県の戦略づくりとでも言いますか。地球温暖化と生物多様性をしっかりとつなぎ、ローカルとグローバルの問題を一体として扱う戦略になっていますね。

堂本　日本人は自然と調和をはかって生きてきました。今、里山ひとつ見ても、人びとはそこに入って少しは利用するけれども、それがうまく持続しているかというと、そこまではいっていません。持続するような循環をつくる必要があるのです。

江戸時代だって、日本人は循環社会をつくることに長《た》けていたのですよ。ですから同じころ、テムズ川、セーヌ川よりも隅田川のほうが水質はきれいだったそうです。

あん　そうなのですか。生物多様性ちば県戦略では、県民が最初から参加することにこだわったのはなぜですか。

堂本　生物多様性を保全し再生するためには、さまざまな立場の県民に参加していただかないと、県の戦略が県民自身のものにならない、その後の行動につながっていかないと思いました。だから一番最初の段階から参加してもらうことにしたのです。

そして２００８年３月に「Ｇ20グレンイーグルス閣僚級対話」（注12）が千葉で開催されることになった時、「そうだ。地球温暖化と生物多様性をつなげていこう！」と、皆さんが燃えあがったのです。私たちのアピールが夏に開かれた洞爺湖サミットにつながっていったのも、それまでのさまざまな運動があったからなのです。

あん　私は２００８年の４月から、石川県金沢市にある国連大学高等研究所の「いしかわ・かなざわオペレーティング・ユニット」（注13）で仕事をすることになりました。生物多様性について知らない人たちに、どうやってその大切さを認識してもらうか、その仕組みをどうやってつくっていくか、日々知恵を絞っているところです。

生物多様性を反映した日本文化

あん　生物多様性ちば県戦略のタイトルには頭に「地球温暖化と」という言葉がついていますね。これは生物多様性を地球温暖化と同じ身近な環境問題として受けとめてもらうには適切な表現ですね。

堂本　地球温暖化と生物多様性に関する条約が2本あるため、国際的にも国内的にもふたつの流れがあります。ちば県戦略では地球温暖化と生物多様性という言葉を全部セットで使ったのです。

地球は大気ができて、生物たちが海から地上に上がってくることができたのです。地球は生物の影響を受けて進化してきました。おたがいに相乗作用を起こして、影響し合っている。地球温暖化を抑えることは生物多様性のためなのですよ。だから気候変動枠組条約には「生態系を守るために温暖化は進めてはいけない」と書いてあるのです。

あん　私は地球・人間環境フォーラムの客員研究員として、気候変動に関する政府間パネル（IPCC）（注14）の第3次、第4次評価報告書の環境省の政府レビューに関わりました。個人的には、地球温暖化と生物多様性は一緒にならないといけないと思っていますが、それに文化の多様性をどうつなげていけばいいのか。

このあいだ、生物多様性条約第９回締約国会議（ＣＯＰ９）（注15）に初めて行きましたが、やはりそこでも自然観や文化的な背景といったものをどのように整理していけばよいのかと思いました。文化多様性と生物多様性のつながりについてはどのようにお考えですか。

堂本　里山の美しさ、田んぼと自然、そういうのを見ると日本ほどデリケートな生物多様性がある国はありません。四季があって、海に囲まれていることからも生物多様性が豊かなのです。茅葺《かやぶき》屋根の住宅など、自然と調和していて本当に素晴らしい建築だと思います。障子ひとつとっても、畳ひとつとっても本当に素晴らしい。繊細な日本文化というものは、まさに日本の生物多様性を映しているといえます。

あん　２０１０年に生物多様性条約の締約国会議（ＣＯＰ10）が名古屋で開催されます。生物多様性の問題にグローバル、ローカル、ナショナルのレベルにいたるまで関わってきた先駆者のおひとりとして、日本に期待するものはなんですか。

科学者と市民と政治家の協働

堂本　国連のアナン前事務総長が提案した「ミレニアム生態系評価」（注16）が２００５年に出されましたね。地球の生態系機能が著しく劣化しているという内容だっ

たと思いますが、名古屋の会議ではこのフォローアップがとっても大事だろうと思います。

生物多様性に関しては、ある程度数量的な評価をしてきているので、IPCCのようなシミュレーションがどこまでできるのか。気候変動は数量的な評価は出しやすいけれども、生物の多様性についてはなかなかそこまでいかないのです。

二十一世紀は生物の時代。生物は物理化学のように計量できる尺度とは違ったメジャーが必要になってきます。日本は科学者と政治家の距離が遠すぎるのです。ですから科学者の知見が政策に反映されることがほとんどないのです。

米国のスミソニアンの人たちが政治家を教育しているのは素晴らしいことだと思いました。科学者は大胆に政策提言をしなければいけないし、政治家はもっと科学者の声に耳を貸し、なにをすべきか科学者から習わなければいけないと思います。科学者と市民と行政とのコラボレーションが重要なのです。

IPCCはよい仕事をしました。それと同じ仕事を生物多様性でもやらなければいけないのです。

あん　私も科学者と政治家の溝が深すぎると思います。政治家はよい政策をつくるために、もっと科学者と対話する姿勢を持つべきだと思います。どうもありがとうございました。

（2008年12月10日　東京都内にて）

注1：グローブ（GLOBE＝地球環境国際議員連盟）……EU、アメリカ、日本の国会議員有志が地球環境問題に取りくむため結成している議員連盟。1989年の設立以後、気候変動枠組条約や生物多様性条約など国際的な取りくみに対して積極的に貢献している。

注2：Biodiversity（バイオダイバーシティ＝生物多様性）……地球全体やある自然環境に多様な生物が存在していること。現在この多様性は地球上から急速なスピードで失われているといわれる。もともとは1980年代にアメリカで生まれた造語だが、環境保護の重要性が叫ばれる中、1992年の生物多様性条約に結実するまでに普及した。

注3：アル・ゴア元米副大統領……アルバート・アーノルド・ゴア・ジュニア、1948年生まれ。1993年から8年間、ビル・クリントン大統領の下で副大統領を務めた。学生時代から環境問題に関心を持ち、現在まで積極的な活動を展開。2007年には講演など活動への評価によりノーベル平和賞を受賞（IPCCと共同）。

注4：スミソニアン博物館……アメリカの首都ワシントンにあり、計18の博物館、美術館、動物園から構成されている。

注5：ボン条約……移動性の動物を保護する目的で締結されている政府間条約。正式名は「移動性野生動物種の保全に関する条約」で、1979年にドイツのボンで採択されたことからこう呼ばれる。

注6：ラムサール条約……湿地の保護を目的として締結されている多国間条約。正式名は「特に水鳥の生息地として国際的に重要な湿地に関する条約」で、1971年にイランのラムサールで採択されたことからこう呼ばれる。2009年4月時点で締約国は159、登録湿地1838、湿地の総面積は1億7335万9584ヘクタール。日本からは37の湿地が登録されている。

注7：ワシントン条約……絶滅に瀕した野生動植物の国際取引を規制する多国間条約。正式名は「絶滅のおそれのある野生動植物の種の国際取引に関する条約」で、1973年にアメリカのワシントンで採択されたことからこう呼ばれる。2009年4月時点で175の国と地域が加盟。3種類の動植物リストが付

属しており、リストごとに制約内容が異なる。最近では大西洋クロマグロを付属書I（もっとも厳格）に掲載する提案が話題となっている。

注8：国際自然保護連合（IUCN：International Union for Conservation of Nature and Natural Resources）……国際的な自然保護機関で、国家、政府機関、非政府組織のいずれもが会員に含まれる。「レッドリスト」（世界の絶滅のおそれのある生物種のリスト）の作成、外来侵入種情報の収集・発信、「保護地域」の設定、世界公園会議の主催など大規模な活動を展開。アメリカ政府とともにワシントン条約を作成。ラムサール条約の事務局もIUCN内に置かれている。世界自然遺産登録に際するユネスコの諮問機関でもある。

注9：1992年のリオの地球サミット……1992年ブラジルのリオデジャネイロで国連が主催した、環境と開発をテーマとする国際会議。正式名は「環境と開発に関する国際連合会議」。この会議では「環境と開発に関するリオデジャネイロ宣言」を採択するとともに、「気候変動枠組条約」と「生物多様性条約」の具体的な動きも始まった。なお、2002年に南ア・ヨハネスブルグで開催された「持続可能な開発に関する世界首脳会議」も同じく「地球サミット」と呼ばれることがある。

注10：第一次生物多様性国家戦略（1995年決定）……69ページ「生物多様性国家戦略」の注を参照。

注11：生物多様性ちば県戦略（2008年3月策定）……生物多様性条約および生物多様性国家戦略の影響下で千葉県が作成した独自の取りくみ。「生命（いのち）のにぎわいとつながりを子どもたちの未来へ」という理念の下、多様な生物のいる自然と持続可能な社会の調和・共存を目指す。

注12：G20グレンイーグルス閣僚級対話……英国のグレンイーグルス・サミットで提案されたG8主要国に、中国、インド、韓国、メキシコなどの新興経済国が加わり、20か国が参加。各国の閣僚による持続可能な開発に関する会合。

注13：国連大学高等研究所の「いしかわ・かなざわオペレーティング・ユニット」……2008年4月に開所され、あん・まくどなるどが初代所長を務めている。里山の保全・活用、伝統的な技術の継承などをおもな活動とする。国連大学高等研究所のオペレーティング・ユニットとしては日本初で、世界に6例あるうち

のひとつ。

注14：気候変動に関する政府間パネル（ＩＰＣＣ）……24ページ「ＩＰＣＣ」の注を参照。

注15：生物多様性条約の締約国会議（ＣＯＰ：Conference of the Parties to the CBD）……生物多様性条約を批准した国々による会議で、１９９４年に第１回（ＣＯＰ１）が開催。直近では２００８年に第９回（ＣＯＰ９）がドイツ・ボンで行われた。第10回は２０１０年10月に名古屋市で開催される。

注16：ミレニアム生態系評価（Millennium Ecosystem Assessment）……国連の呼びかけで２００１年から２００５年にかけて行われた、世界中の生態系を調査・評価するプロジェクト。生態系の変化が人間生活の豊かさに及ぼす影響を評価しており、環境アセスメントを世界規模で行った例といえる。発表成果では、人間活動による過剰な生態系変化、生物が絶滅する速度の悪化などが指摘され、政策や経済活動の意志決定に際して生態系が人類に寄与する機能（生態系サービス）を価値あるものとして考慮すべきことなどが提言された。

幸福追求への尽きぬ思い

インタビュー　瀬戸雄三さん　アサヒビール相談役

あん　瀬戸さんがよくおっしゃる「ビールは自然の恵みを組みあわせた芸術作品である」というお考えは、自然から恵みをいただいているのだから、企業には社会や環境に恩返しをする義務があるということですね。これは、環境に配慮した物づくりだけではなく、人づくりにもいえることですね。

瀬戸　私どもは「社員が人の悪口を言わない会社だ」と、よく言われます。その根源はなにかと考えると、ビール会社は自然の恵みを受けて物をつくらせていただいて、社会に潤いを与える、喜びを差し上げる、という思いです。

せと　ゆうぞう
1930年生まれ。1953年にアサヒビールに入社し、社長、会長を経て現在相談役。同社のヒット商品スーパードライの発売時の営業本部長で、たたき上げの経営者としてアサヒ復活劇の陣頭に立った。著書は『逆境はこわくない』（徳間文庫）、『泡の中の感動』（清水弘文堂書房）など。

基本は「おかげ様で！」という言葉だと思います。他人様《ひとさま》のおかげで製品ができる。つねに感謝の気持ちを持ち、それから社会にどう貢献したらよいかを考えています。

あん　他社に先駆け、時代に先駆けて環境問題に積極的に取りくみ、ゼロエミッション（埋め立て処理に回る廃棄物をゼロにする活動）の工場建設でもリーダーシップを発揮されましたね。

瀬戸　企業の中には経済原理主義が横行して、とにかく儲けなければいけない、すべてが利益、すべてがカネという風な考え方もあり、それが結果として、昨年から起きている世界的な恐慌につながっている部分もあるのではないかと思います。

企業にとって一番大事なのは、いかにお客様のお役に立てるかだと思うのです。そして社員に幸せをもたらすことができるか、株主にお報いできているか、お客様に満足感を得ていただいているか。こうしたことが優先であって、利益を上げることばかりに意識がいって、人間の幸せをおろそかにする企業は、一時の繁栄はあっても永続きしないと思うのです。この辺の根本の考え方を変えなければいけないのです。

日本は当然ですけれども、世界を変えていかなければいけないと思います。日本には素晴らしい風土があります。地球の環境をいかによくして、人間なり、動物なり、植物が幸せになるかということを考えなければいけないと思います。

あん　それは大切なことだと思います。

瀬戸　食品産業は、健康に密接に関係していますから、環境問題は一番先に考えなければいけない。それを重視することによって社会からよい会社だと評価していただける。そういう会社の商品なら間違いがないだろうと、結果として企業の業績に跳ねかえってくると思っています。

私はこの会社に入って今年で56年です。ひとりの語り部のような存在ですから、そうしたことも社員にしっかり伝えていかなければなりません。

個人のマインドの変化が会社を変える

あん　ちょっと意地悪な質問ですが、スーパードライが大ヒットして、どん底から頂上へ上るように業績が上がりました。スーパードライがなかったらこれほど環境に取りくむ会社にならなかったのでは、という疑問もありますが。

瀬戸　企業の基盤が大きくなったからこそ、これから世間の最大の関心事になるであろう環境対策をやろうという雰囲気が生まれたことは確かです。そうすると、社内のいろいろな部署で「われわれのところは、こういうことをやろう」という、よい循環が自発的に生まれてきました。

自然との共生については、つねに考える会社ではありましたが、スーパードライのヒットがなければスケールはもっと小さかったかもしれません。

あん　よく環境までお金を回す余裕がないという経営者がいます。広島県庄原市にあるアサヒの森（注1）は、経営がどん底の時でも手放さないで、かなりのお金を使って森林の管理をしてきたと聞きました。

全社員が意識していなかったかもしれませんが、環境問題に貢献する活動をずっとやってきたのですね。

瀬戸　庄原の森を管理している社員や地元の人が本当に森を愛していたということです。トップが「森を守れ！」とか「森を手放してはいけない！」とか言うよりも、現場の方の意識が強かったと思うのです。

あん　私は国連大学高等研究所のいしかわ・かなざわオペレーティング・ユニットの所長として、地方の現場から「地球環境問題の解答を探っていきましょう」という仕事に携わっています。グローバルな環境問題は結局、地域住民とそこにいる研究者、政策決定者がローカルな取りくみとして一緒にやらなければいけないと思っています。

アサヒの森で開催されている「アサヒ森の子塾」
森の子たちによる発表の様子
（写真提供：アサヒビール株式会社）

　今、里山、里海を中心に、ここ50年間の生態系評価をやろうとしています。これからの林業、農業、漁業を支える里山、里海社会をなんとかしようと、能登半島を中心に活動してきて、地域には素晴らしい人がたくさんいることがわかりました。ですが、彼らが持っている力を十分に活かしきれていないように思います。

瀬戸さんのお話を伺っていると、現場でしっかり責任を果たす、そういうモラルがきちんとしていて、ボトムアップから会社のあり方を考え、同時にトップからの考えとうまい具合にマッチしている。たとえば、茨城工場で達成したゼロエミッションの取りくみ（注２）もそのような社風があったからでしょうか。

瀬戸　ボトムアップはすごく大事だと思います。「トップダウンで環境対策をやれ」と言ったってなかなか進まない。現場でのマグマが噴出しそうなところまでこちらが辛抱強く待って、そこでトップが号令をかけるということだと思います。

会社の規模を大きくする、シェアをトップにするという企業もありますが、それは結果としてなることで、それを目的にして、ひたすらそうしたことばかりやっていては、会社の行動は非常にレベルの低いものになってしまいます。だから、究極の目標を達成するための手段としてなにがあるかというと、われわれの会社にとっては、環境問題が大きな要素になると思ったのです。

ビール工場というのは清潔だという定評はいただいていましたが、世間の皆様にどれほどクリーンな工場かという具体的なイメージを持っていただけてはいなかった。イメージを一新させるため、廃棄物をなにも出さないクリーンな工場にしよう。ごみは１００％出さない。１％でも出しているうちは駄目です。１００％やれば胸を張って大きな顔ができる。

個人の地道な努力が実って達成した時、感動の共有が起きました。企業の力は、ひとりひとりの力の総和です。皆が胸を張って達成感を持つことが、ボトムアップの力になり、次へのステップアップへとつながっていったのだと思います。そういう意味では時間のかかる辛い仕事ほど達成した時の感動は格別ですよ。

あん　さらに大きな自信につながりますからね。

瀬戸　そしてマインドが変わっていきます。個人のマインドが変わるということは工場のマインド、会社のマインドが変わるということです。次は工場のまわりをきれいにしようかとか、自分の住んでいる家の周囲の環境をきちんと整えるにはどうしたらよいかと、波及効果が出てきます。

中国での循環型農業をライフワークに

あん　以前、アサヒビールの北京の工場（注3）を見せてもらいました。日本よりも緩やかな環境規制や基準でもいいのに、今までよりもっと上の工場をつくろうというボーダレスなその精神、倫理は素晴らしいと思いました。国内だけでなく、世界中にアピールしていくことが大事だと思います。

瀬戸　北京のビール市場は非常に競争が激しいところで、中国の大手のビール会社が安売り競争で攻めあっている。しかし、われわれは安売りよりもビール工場として、こういう工場がもっとも北京市民のためになると主張しつづけました。あらゆる工場で環境問題に取りくんできた日本の企業として、それを示す使命感のようなものがあったからです。

北京工場でも排水を浄化した水の一部で池をつくりコイを飼っています。3年ほど前、中国のある食品会社に行くと、そこでも浄化した排水でコイを飼っていました。中国の生産工場もレベルアップ

山東省莱陽市につくった農場「朝日緑源」は注目を集めている
（写真提供：アサヒビール株式会社）

しています。

単に輸入するよりも現地でつくるほうが安いからというのでは、あまりに殺伐としています。だから、ささやかな夢を持って、将来に向かってやっているところです。

あん　世の中は不況で暗い話ばかり。倒産、リストラなど暗雲が垂れこめ、夢や光を感じられない状況に陥っています。

こうした時こそ夢を持たなければいけないと思います。環境に配慮した企業活動を継続し、不況を克服しながら夢を持つということについて、なにかメッセージをいただけませんか。

瀬戸　メディアが暗いニュースを流しすぎですね。政治にしても経済にしても人の足を引っぱるようなネガティブな報道が多い。逆に、米国はよいことは皆でほめようという社会ですね。

日本人は今、気概がないと思うのです。なぜ気概がないかと言えば、小さな幸せに安住しているからです。わがままさえ言わなければ、なんとか生活していける。

私はアサヒビールの最後のライフワークとして、中国で農業を始めました。２００３年に中国・山東省の書記がやって来まして、「中国で困っている内政問題は三農（農業、農民、農村）だ、助けてほしい」と。それがきっかけでした。

２００６年の５月に農場がオープンしましたが、農業はすぐには利益につながらないのですよ。今は経済原理主義で利益を一番に考える。優先順位は利益が上がるかどうかです。四半期決算の弊害は、先行投資をして20年、30年先にもとをとるといった骨太の考え方がなくなり、企業家もいなくなってきたことです。

あん　本当に残念なことです。

中国の農場ではなにをつくってらっしゃるのですか。

瀬戸　循環型農業にこだわり、露地栽培、ハウス栽培、酪農と三つの組みあわせでやっています。１００ヘクタール、東京ドームの21倍の面積があって、55％は露地栽培でスイートコーンとアスパラガスを、25％はハウス栽培でイチゴとトマトをつくっています。あとの20％は酪農で、乳牛が千頭います（注４）。

昨年の９月、中国でメラミンの混入した牛乳が問題になった直後に、私どもの牛乳が発売されま

朝日緑源のイチゴは「女峰」を採用し、日本の栽培技術を活用。ブランド名は「美苺（めいめい）」で、中国都市部で販売。ビニールハウスでの24時間の温度管理によって12月から収穫を開始
（写真提供：アサヒビール株式会社）

した。この牛乳は単一の牧場でつくったもので、中国の牛乳はあちこちの牧場のものを集荷して売っています。

私どもの農場の牛は足にICタグ（注5）をつけ、個体管理を完全にして搾乳するごとに品質をチェックしています。飼料も農薬に汚染されていないものを使い、牛の糞は堆肥にして畑に循環させています。

さらにビール製造に使った酵母の細胞壁を加工したものを野菜の育成剤に使い、堆肥の発酵熱は温室の熱源に回している。環境問題の総仕上げです。中国でたいへんな脚光を浴びています。

循環型農業のひとつとして行っている酪農
（写真提供：アサヒビール株式会社）

あん　環境保全型の農業をもっと広めていかなければいけませんね。ぜひ里山にも目を向けてください。今日はありがとうございました。

（2009年2月24日　アサヒビール本社にて）

注1：アサヒの森……広島県庄原市と三次市にまたがる総面積２１６５ヘクタールの社有林。68年前から森を守りつづけ、２００１年には日本国内で３番目にＦＳＣ認証を取得。水源涵養《かんよう》保安林に指定されている。

注2：茨城工場で達成したごみを出さないゼロエミッションの取りくみ……「ゼロエミッション」とは、廃棄物がゼロであること。アサヒビールでは茨城工場が１９９６年にいち早く達成し、１９９８年には国内全９工場のゼロエミッションを完了している。

注3：アサヒビールの北京の工場……北京市郊外にある、北京ビール朝日有限公司（アサヒビール、伊藤忠商事共同出資）の製造工場。２００４年より操業開始。敷地は16万平方メートルを超えるが、敷地面積の30％を緑地としている。製造過程でも水熱の再利用システムを整備し、水とエネルギーの使用量を大幅に削減している。

注4：２０１０年３月現在、農場面積の内訳は露地栽培が40％、ハウス栽培が５％、酪農が55％となり、乳牛が１５００頭に増えている。

注5：ＩＣタグ……生産・物流を管理するため商品などにつける、情報を記録した小さなチップのこと。Ｓｕｉｃａ（スイカ）やＰＡＳＭＯ（パスモ）などにも似た技術が使われている。乳牛の管理に利用する場合、数多くいる牛の個体情報や搾乳記録などの管理が容易になる。

本書は㈶地球・人間環境フォーラム刊『グローバルネット』２００８年１月号から２００９年３月号に掲載された連載を加筆・修正し、再編集したものです。
初出号、初出時タイトルの一覧は以下の通りです。

２００８年１月（２０６号）第１回［特別インタビュー］鴨下一郎さん　環境大臣
２００８年２月（２０７号）第２回　稲作ウォーク＋ウォッチ［九州編］
２００８年３月（２０８号）第３回　シンポジウム「気候変動と農業・食料生産」
２００８年４月（２０９号）第４回　石西礁湖周辺のぶらぶら島歩き
２００８年５月（２１０号）第５回　日本海で押し寄せられる変化
２００８年６月（２１１号）第６回　苔＋温暖化!?
２００８年７月（２１２号）第７回［特別インタビュー］藤井理行さん　国立極地研究所長
２００８年８月（２１３号）第８回　昆虫と温暖化
２００８年９月（２１４号）第９回　森から写ったもの
２００８年10月（２１５号）第10回　りんご生産現場で起きる季節と旬のズレ
２００８年11月（２１６号）第11回　解けゆく北国と境界――北海道・カナダ・フィンランド
２００９年１月（２１８号）第12回［特別インタビュー］堂本暁子さん　千葉県知事
２００９年２月（２１９号）第13回　じわじわ北上しつつある動物
２００９年３月（２２０号）第14回［特別インタビュー］瀬戸雄三さん　アサヒビール相談役

アサヒビール発行・清水弘文堂書房編集発売

ASAHI ECO BOOKS 刊行書籍一覧（2010年5月現在）

No.1 環境影響評価のすべて
プラサッド・モダック／アシット・K・ビスワス 著　川瀬裕之／礒貝白日 編訳　2940円（税込）

No.2 水によるセラピー
ヘンリー・デイヴィッド・ソロー 著　仙名紀 訳　1260円（税込）

No.3 山によるセラピー
ヘンリー・デイヴィッド・ソロー 著　仙名紀 訳　1260円（税込）

No.4 水のリスクマネージメント
ジューハ・I・ウィトォー／アシット・K・ビスワス 共著　深澤雅子 訳　2625円（税込）

No.5 風景によるセラピー
ヘンリー・デイヴィッド・ソロー 著　仙名紀 訳　1890円（税込）

No.6
アサヒビールの森人たち
監修・写真　礒貝浩　文　教蓮孝匡　1995円（税込）

No.7
熱帯雨林の知恵
スチュワート・A・シュレーゲル　仙名紀訳　2100円（税込）

No.8
国際水紛争事典
ヘザー・L・ビーチほか著　池座剛／寺村ミシェル訳　2625円（税込）

No.9
環境問題を考えるヒント
水野理著　3150円（税込）

No.10
地球といっしょに「うまい！」をつくる
写真と文　二葉幾久　1575円（税込）

No.11
カナダの元祖・森人たち
写真・文・訳　あん・まくどなるど／礒貝浩共著　2100円（税込）

No.12
いのちは創れない
池田和子／守分紀子／蟹江志保 共著 (財)地球・人間環境フォーラム 編 2200円(税込)

No.13
森の名人ものがたり
森の〝聞き書き甲子園〟実行委員会事務局 編 2310円(税込)

No.14
環境歴史学入門 あん・まくどなるどの大学院講義録
礒貝日月 編 2200円(税込)

No.15
ホタル、こい！
阿部宣男 著 二葉幾久 編 1890円(税込)

No.16
地球の悲鳴
陽 捷行 著 1980円(税込)

No.17
アグリビジネスにおける集中と環境
三石誠司 著 2400円(税込)

No.18
誰もが知っているはずなのに誰も考えなかった農のはなし
㈱オルタナティブコミュニケーションズ 金子照美 著　1500円（税込）

No.19
農と環境と健康
陽 捷行 著　2100円（税込）

No.20
原日本人やーい！　あん・まくどなるど対談集
(財)地球・人間環境フォーラム 編　1980円（税込）

No.21
田園有情
写真・文　あん・まくどなるど　監修　松山町酒米研究会　1990円（税込）

No.22
古代文明の遺産
高山智博 著　1500円（税込）

No.23
地球リポート
Think the Earth プロジェクト 編　1780円（税込）

No.24

大学発地域再生　カキネを越えたサステイナビリティの実践

上野武著　1500円（税込）

「大学と地域が連携し、持続可能な地域社会をつくりだす。本書には人、地域、日本を健康にするヒントがつまっています。」（千葉大学前学長　古在豊樹）

No.25

再生する国立公園　日本の自然と風景を守り、支える人たち

瀬田信哉著　2200円（税込）

「この国のかけがえのない自然と国立公園を守り、支えるために奮闘した人びとの物語である。そして、私の尊敬すべき大切な友人でもある筆者は、この忘れてはならない物語を語るのに最もふさわしい人である。」（財団法人C・W・ニコル・アファンの森財団（長野）理事長　C・W・ニコル）

日本図書館協会選定図書（第2680回 平成21年4月1日選定）

No.26

地球変動研究の最前線を訪ねる 人間と大気・生物・水・土壌の環境

小川利紘／及川武久／陽 捷行 共編著　3150円（税込）

本当に地球環境は変動しているのだろうか……各分野を網羅した総合的解説書がここに登場。

日本図書館協会選定図書（第2719回 平成22年3月3日選定）

清水弘文堂書房の本の注文方法

■電話注文03・3770・1922／046・804・2516■FAX注文046・875・8401■Eメール注文mail@shimizukobundo.com（いずれも送料300円注文主負担）■電話・FAX・Eメール以外で清水弘文堂書房の本をご注文いただく場合には、もよりの本屋さんにご注文いただくか、本の定価（消費税込み）に送料300円を足した金額を郵便為替（為替口座00260・3・59939　清水弘文堂書房）でお振り込みくだされば、確認後、一週間以内に郵送にてお送りいたします（郵便為替でご注文いただく場合には、振り込み用紙に本の題名必記）。

気候変動列島ウォッチ
ASAHI ECO BOOKS 27

発　行　二〇一〇年六月十五日　第一刷
著　者　あん・まくどなるど
編　者　(財)地球・人間環境フォーラム
発行者　泉谷直木
発行所　アサヒビール株式会社
住　所　東京都墨田区吾妻橋一‐二三‐一
電話番号　〇三・五六〇八・五一一一
編集発売　株式会社清水弘文堂書房
発売者　礒貝日月
住　所　《プチ・サロン》東京都目黒区大橋一‐三‐七‐二〇七
電話番号　《受注専用》〇三・三七七〇・一九二二
Eメール　mail@shimizukobundo.com
HP　http://shimizukobundo.com/
編集室　清水弘文堂書房葉山編集室
住　所　神奈川県三浦郡葉山町堀内三一八
電話番号　〇四六・八〇四・二五一六
FAX　〇四六・八七五・八四〇一
印刷所　モリモト印刷株式会社

□乱丁・落丁本はおとりかえいたします□

ISBN978-4-87950-596-5 C0095